生まれが9割の世界をどう生きるか

遺伝と環境による不平等な現実を生き抜く処方箋

安藤寿康

SB新書
593

はじめに

2021年に「親ガチャ」が新語・流行語大賞のトップ10に入りました。親の良し悪しで子どもの人生が決められてしまう。それはスマホゲームやカプセルトイのガチャ同然、運次第で、自分の努力ではどうしようもない。これがいまの若者を取り巻く閉塞感を象徴する言葉として流行し、注目されたようです。

行動遺伝学者としては、「何をいまさら」と、これを冷ややかに眺めていました。人生すべてガチャであることなど、行動遺伝学的には当たり前の、生物学的必然です。ところが世間のこの言葉の使い方を見ると、どうも遺伝と環境のことが区別されていない。社会学者が文化資本論なんか持ち出して説明していたりして、どちらかと言えば環境からの説明が多く、遺伝の方には全然注目していない。まあ、そんなのはいつものことですが、これには違和感を強く覚えました。

この年はマイケル・サンデルの『実力も運のうち　能力主義は正義か?』(早川書房)も注目されました。この主張は、私も前からそう思っていたことでもあり、基本的には賛同していますが、能力主義批判の根拠として当然位置付けられるはずの遺伝については、オブラートに包んだまま理論構築しようとしているのに歯がゆい思いがしました。サンデルの理論は、ジョン・ロールズの正義論とも密接に関わっていて、ロールズはきちんと遺伝による能力の生得的な差異まで論じていますが、時代のせいもあり、その遺伝については不可知であるという前提に留まっています。人間の正義を考えるためには、人の出身や地位や財産や遺伝などを知らない原初状態を前提として考えねばならないというロールズの有名な「無知のヴェール」の思考実験で、遺伝だけには本当に無知のヴェールがかけられていました。

時代は大きく変わってきているのです。遺伝子の塩基配列を全部読み解くゲノムワイド関連解析（GWAS：Genome Wide Association Study）から算出されるポリジェニックスコア（詳しくは本文で説明します）によって、一人ひとりの知能の遺伝的素質を描くことができるようになりました。それはまだ厚いすりガラスの向こう側に浮かび上がる姿をみるような、ぼんやりとしたものにすぎませんが、それでもおぼろげに遺伝子の姿が具体的に見えるようになってきました。これはそもそも人の能力の個人差に遺伝の大きいことを教えてくれる行動遺伝学に出会った時から、打ちのめされるような研究成果にたびたび出会い、自らのデータからもそれを確認してきた私にとって、追い討ちをかけてくれる研究の進歩です。

脳科学の進歩にも目覚ましいものがあります。ヒトの精神活動が、脳のどのようなネットワークの活動に支えられているかについて、かなり具体的なイメージを持てるようになりました。さらに脳が外界の刺激にただ受動的に反応して学習をしているだけの臓器ではなく、能動的に外界を予測するモデルを作って、世界のリアルとのズレを最小限にしようと認識や情動を内的に作り上げていると考えることで、脳活動のすべてを説明できそうだという画期的な理論も登場しました。

これらを従来からの双生児法による行動遺伝学の成果と結びつけて考えると、親ガチャはまず遺伝ガチャで、親による環境ガチャの影響は限定的、むしろ誰のせいにもできない、予測すらできない偶然の状況との出会いこそが、環境ガチャの本質であることが明確になります。遺伝という内部からも、環境という外部からもガチャだらけのはざまで、脳は常に世界についての確率計算を行い、認識し、行動し、学習し続けます。遺伝的素質と呼ばれるものは、その中でばくぜんとした内的感覚として察知され、経験の過程を経て、能力として、才能として社会の中に実装されるようになります。

まずはこのことをお伝えしたくて書いたのが本書です。

すでに繰り返し自分の著書の中で書いてきましたが、「遺伝」という概念には誤解がつきものです。遺伝だと親から子に伝達する。遺伝だと運命が決められてしまう。遺伝だと一生変わらない。これらは本書でも改めて正しい理解の仕方を確認します。その上で、最近の遺伝子研究や脳研究の成果と、そして私自身のささやかな経験を踏まえ、この社会で前向きに生きていくにはどうしたらいいのかについて、想定問答集の形で書き綴《つづ》ってみました。

世界は遺伝ガチャと環境ガチャでほとんどが説明できてしまう不平等なものですが、世界の誰もがガチャのもとで不平等であるという意味で平等であり、遺伝子が生み出した脳が、ガチャな環境に対して能動的に未来を描いていくことのできる臓器なのだとすれば、その働きがもたらす内的感覚に気づくことによって、その不平等さを生かして、前向きに生きることができるのではないでしょうか。

ごいっしょに考えていただければ幸いです。

目次

第2章 学歴社会をどう攻略する？

第3章 才能を育てることはできるか？ 155

第4章

「優生社会」を乗り越える

第1章

遺伝とは何か
——行動遺伝学の知見

Q 勉強もスポーツもパッとしません。スクールカースト上位の人が羨ましい。結局、そういう才能って全部遺伝じゃないんですか？

A はい、すべて遺伝です。正確に言うと、全部に遺伝が関わっています。遺伝が関わっていない才能はありません。では、遺伝とは何でしょう？

↓ そもそも遺伝とは

身の回りを見渡してみると、世の中には実にさまざまな人がいることに改めて気づかされます。

学校であれば、大して勉強している様子もないのにいつも成績上位の人がいるかと思えば、スポーツ万能の人もいます。絵がうまい人もいれば歌のうまい人もいますし、先生のモノマネでみんなのウケを取るお調子者もいれば、いつも冷静沈着な理論家もいるでしょう。みんなから一目置かれる人ばかりとは限りません。勉強もスポーツも得意でない人もいますし、いわゆる陰キャの人だっています。

勉強や運動が得意な人にしても、何もかもできる万能型とは限りません。数学は得意だけど世界史はまるでダメな人もいますし、サッカーは得意だけど、長距離走は苦手だという人もいますね。いまサラッと「サッカーが得意」と言ってしまいましたが、同じ種目の中でもさらに細かく得意不得意はあるものです。前線で得点を狙うフォワードとゴールを守るゴールキーパーでは求められる能力が違うのはもちろんですが、同じフォワードであってもいろんなタイプの選手がいます。

人の能力やパーソナリティが多彩なことは、いまさら言うまでもなくみなさんもご存じでしょう。心や体の働きの細やかなニュアンスまで、どこを取っても同じ人はいないくらいいろいろな現れ方があり、そのバリエーションたるや想像を超える広さです。

そんな中で他人は他人、自分は自分と達観できればよいのですが、そうは言っても優れた能力を持った人を見ると、つい自分と比べてしまうものです。

どんなに頑張って練習したり勉強したりしても、あいつには絶対に勝てない……。自分にはどうやってもできないことを、易々とやってのける人がいる。そんな風に他人と自分との能力差を感じた時、つい「あれは生まれつきの才能だろう」とか「あれは遺伝に決まってる」と言いたくなってしまうこともあるのではないでしょうか。

「遺伝」というのは、よく使われる言葉ですが、同時にとてもよく誤解される言葉でもあります。

いったい、遺伝とは何でしょうか。

遺伝とは、トランプや麻雀などのゲームで最初に配られた手札のようなものだと思えばよいでしょう。あなたという人間を内側からあなたらしい独特な形で作り上げる潜在性のパイ、それが遺伝です。

人間の遺伝子は、DNA（デオキシリボ核酸）のA（アデニン）、T（チミン）、C（シトシン）、G（グアニン）という4種類の塩基の長い組み合わせによって作られ、23組46本ある染色体の上に乗っています。父親と母親の体内で精子や卵子が作られる際、ペアになっている染色体が2つに分かれ、そのどちらか1つがランダムに選ばれる減数分裂が起こります。染色体が分かれる時、ペアとなっている染色体のところどころで、これまたランダムに組み換えが起こって遺伝子の配列がシャッフルされます。このようにしてできた精子と卵子が受精して受精卵となることで、父親、母親の持っていたのとは異なる遺伝子配列が子どもに受け継がれます。

こうして**子どもに受け継がれた遺伝子の組み合わさり方を「遺伝子型」**と言います。

どういう遺伝子型を持っているかによって、子どもにはさまざまな「**形質**」が現れてきます。形質というのは、個体に現れてくる形態や機能の特徴のこと。**観察できる形質のことを「表現型」**と言います。耳垢タイプ（ネバネバな粘性かカサカサな乾性か）や血友病、赤緑色覚異常など単一の遺伝子によって決まる表現型もありますが、ほとんどの表現型は多数の遺伝子が関わる「ポリジーン」になっています。どういう遺伝子型がどういう表現型に対応しているのかは、徐々に明らかになってきてはいますが、未解明な部分の方が多いのが現状です。

遺伝と聞くと親と子どもが似ていることだと思われるかもしれませんが、それは親から子への表現型の「伝達」のことであり、別の質問で改めて述べることにします。というのも、**遺伝には表現型の伝達以上の意味がある**からです。ここでは、**子どもが親から受け継ぎ、子ども自身に独自の組み合わせとして生まれつき持っている遺伝子型の全体を遺伝**だと考えてください。

髪の色や肌の色、顔立ちなどが遺伝によって決まってくるということは、当たり前だと思うでしょう。

では、その他の形質についてはどうでしょうか。スポーツ万能なのは遺伝でしょうか。

ひょうきんな性格は遺伝でしょうか。勉強ができるのは遺伝でしょうか。「遺伝もあるだろうけど、それだけでは決まらないよね」、「人間はやっぱり遺伝じゃなくて環境によって決まってくるんでしょ」、そういう風に考えている方は多いと思います。ならば、ある人が備えている形質、「その人らしさ」に、遺伝や環境はどの程度影響しているのでしょうか。

↓双生児ペアを比較して、遺伝の影響を調べる

これを研究するのが、「**行動遺伝学**」という学問分野であり、その中心的な手法が双生児法です。双生児法では、文字通り人間の双生児のデータを用いて調査を行います。

双生児には、一卵性双生児、二卵性双生児という2つのタイプがあります。一卵性双生児は、同じ受精卵から生まれた双生児であり、遺伝子型は原則として同一。言ってみれば、天然のクローン人間です。

これに対して、二卵性双生児は別々の受精卵から生まれて、遺伝子型はきょうだい程度に似ています。一卵性双生児かと思うほど似ていることもあれば、全然似ていないこともありますし、性別すら違うこともよくあります。ならすと遺伝子型の類似度は50パーセン

ト程度です（これは先に言ったように、染色体のペアが半分に減数分裂する時、そのペアのどちらか一方がランダムに伝わるので、それがきょうだい間で一致する確率が2つに1つ、つまり50パーセントだからです）。

双生児法は、一卵性双生児と二卵性双生児がどの程度似ているのかを比較することで、遺伝の影響を調べます。

同じ環境で育った一卵性双生児と二卵性双生児についていろいろな形質を調べて、一卵性双生児の方が似ているということになれば、それは遺伝の影響ということになります。

当然のことながら、1組や2組の双生児を比較したところで、大したことはわかりません。数百から数千、時には何万という双生児のペアのデータによって、集団レベルでの類似度を調べるのが、双生児法の重要なところになります。そのために私たち双生児研究者は、たくさんの双生児の方たちに研究に協力していただくための双生児レジストリーを作っています。私たちのチームも住民基本台帳から約4万組のレジストリーを作り、研究協力を仰ぎました。

研究に協力してくれる双生児ペアに対しては、知能や学力などの能力検査の他、パーソナリティや社会性についてのアンケート調査、精神疾患や薬物依存の診断、さらには収入やストレスなどについての質問票への回答などがなされ（協力してくださった双生児のみなさま、おつかれさまでした）、この結果を数値化し、統計的に処理を行います（一卵性双生児と二卵性双生児の類似度から、どのように遺伝や環境の影響を算出するのかは「COLUMN：遺伝率の算出方法」（27ページ）を参照）。

そうして算出されるのが、**遺伝、共有環境、非共有環境の影響率**です。環境に関しては、共有環境、非共有環境の2つがあることに注意してください。

共有環境というのは、家族のメンバーを「**似させようとする方向に働く環境**」。もう1つの**非共有環境**は、逆に家族のメンバーを「**異ならせようとする方向に働く環境**」です（詳しくは、「COLUMN：共有環境、非共有環境には、どんな要因が含まれる？」（31ページ）を参照）。

↓あらゆる形質には、遺伝の影響がある

双生児法による研究からどのようなことがわかってきたのでしょうか。

例えば、指紋のパターンに関しては、90パーセント以上が遺伝の影響、わずかに非共有環境の影響があることがわかっています（遺伝による説明率のことを**遺伝率**といいます）。

指紋のパターンがほとんど遺伝だというのは、誰でも納得できますね。食べ物やトレーニングで指紋のしわの数や形を変えることなんてできるわけがありません。

他の形質についてはどうでしょうか。

身長や体重についても、遺伝率は90数パーセント、非共有環境の影響率が数パーセント程度です。意外なことに、共有環境の影響はほとんどありません。

神経質さや外向性、勤勉性、新奇性といったパーソナリティについては、遺伝率は50パーセント程度。

統合失調症、自閉症、ADHDに関しては、80パーセント程度が遺伝です。アルコール、喫煙といった物質依存についての遺伝率は50パーセント強。反社会的な問題行動に関しては、60パーセント程度の遺伝率があります。

そして、知能については50〜60パーセントの遺伝率です。

身体だけでなく、知能や学力、パーソナリティといった能力面、心理面も含めて、ほとんどの形質は30〜70パーセントの遺伝率があります。

環境次第で人はどのようにでも変われる、そう思っていた人にとってはかなりショッキングな結果かもしれません。

こうした研究の蓄積に基づき、行動遺伝学者のエリック・タークハイマーは、**行動遺伝学の3原則**を提唱しました。

その第1原則は、「**ヒトの行動特性はすべて遺伝的である**」というもの。

私たちが持つ「その人らしさ」に対して、遺伝が与えている影響は、環境と同じくらい大きいのです。

↓遺伝率の値は、いったい何を表しているのか？

だいたいどんな形質も30〜70パーセントの遺伝率があると述べました。

では、この遺伝率という値、あるいは共有環境や非共有環境の影響率という値はいったい何を表しているのでしょうか。

よく誤解されることですが、遺伝率というのは、親から受け継ぐ遺伝子の割合のことではありません。知能の遺伝率が50パーセントと言った時、親の知能の50パーセントが子どもに受け継がれるということでもありません。

統計学的に言えば、ある形質の表現型の分散（ばらつき具合）が、遺伝子の分散によってどの程度説明されるかを示したものが、**遺伝率**ということになります。直感的にはちょっとわかりにくいですね。

指紋のパターンを例に取ってみましょう。先ほど述べたように、指紋のパターンの遺伝率は90パーセントもありました。指に大けがをするとか、よほどのことがない限り指紋のパターンは変わりませんね。遺伝率が高い形質ほど、環境が変わっても影響を受けにくい、変化させづらいと言えます。

これに対して、遺伝率が80パーセントの形質は、遺伝率100パーセントの形質に比べれば、環境を変えることで変化させられる可能性があります。さらに、遺伝率50パーセントの形質は、80パーセントの形質よりも変化させやすくなります。

言い換えるなら、遺伝率が高い形質ほど、変化させるのが大変ということになるわけです。

ただしもう少し正確に言うなら、それはいまあなたのいる社会にある環境のバリエーションの中での変化のしやすさです。餓死寸前の環境といつでも食べきれないほどの食べ物のある環境が両方あるような差が著しい社会と、ほとんどすべての人にほぼ均等に十分な食料がいきわたる社会を比べれば、前者の方が環境の振れ幅が大きい分、遺伝率は小さくなります。**遺伝率とは純粋に生物学的な定数ではなく、環境の変動の大きさによっても違**

ってくる値です。

体重は遺伝率が90パーセント以上ある、つまりそれだけその社会の中では変化させづらい形質です。太りやすい遺伝子を持って生まれた人が痩せるためには、そうした遺伝子を持たない人に比べて、相当な努力をしなければならないということになります。遺伝率が90パーセントの形質であったとしても、後から絶対に変えられないということではありませんが、変えるためには相当な困難が伴います。

人間が備えている「その人らしさ」、それは環境と同じくらい遺伝の影響を受けているのです。

そのことをまずは、きちんと認識していただきたいと思います。

COLUMN

遺伝率の算出方法

双生児法では、一卵性双生児と二卵性双生児の類似度から遺伝率を算出します。ここでは、簡単な算出方法を説明しておくことにしましょう。

まず協力者である双生児の方々から得られた知能テストや学力テストなどの能力検査、精神疾患や薬物依存などについてのアンケートや診断の結果を数値で表します。

次にその双生児を、一卵性双生児のグループと二卵性双生児のグループに分け、各ペアの片方の点数をx軸、もう片方をy軸にプロットしていきます。すべての双生児ペアがまったく同一の値であれば、点はぴったり斜め45度の直線上にプロットされることになりますが、実際はそうはなりません。なんとなく右肩上がりの直線かな、という点の集合ができることになります。

できた点の集合を代表させる直線（回帰直線）を比べてみると、一卵性双生児の方が二卵性双生児に比べて、よりはっきりした右肩上がりの直線を描いていることがわかります。どのペア同士の類似度が高ければ高いほど、相関係数という値は1に近づいていきます。

ペアも完全にスコアが一致する場合に相関係数は1、まったく相関がない場合、相関係数は0です。相関係数を求める手順は少々面倒ですが、エクセルのような表計算ソフトには簡単に相関係数を算出するための機能が組み込まれています。

ここで図に例として挙げたのは、青年期における双生児のIQについて調べた私たちの研究結果で、一卵性双生児の相関係数は0・77、二卵性双生児の相関係数は0・41となっています。一卵性双生児ペア、二卵性双生児ペアそれぞれについての相関係数がわかれば、遺伝率は簡単に求めることができます。

最初に求めるのは、非共有環境の影響率です。

IQに関して、もし遺伝だけで説明できるのであれば、遺伝子配列が同じ一卵性双生児の相関係数は1になっているはずです。そうなっていないということは、似させないようにする要因「非共有環境」が働いていると考えられます。

非共有環境の影響率は、完全な一致を表す1から一卵性双生児の相関係数0・77を引き、

1－0・77＝0・23

23パーセントとなります。

一方、似させようとする要因には、遺伝と共有環境の両方がありますから、それぞれの

一卵性双生児と二卵性双生児のIQの相関

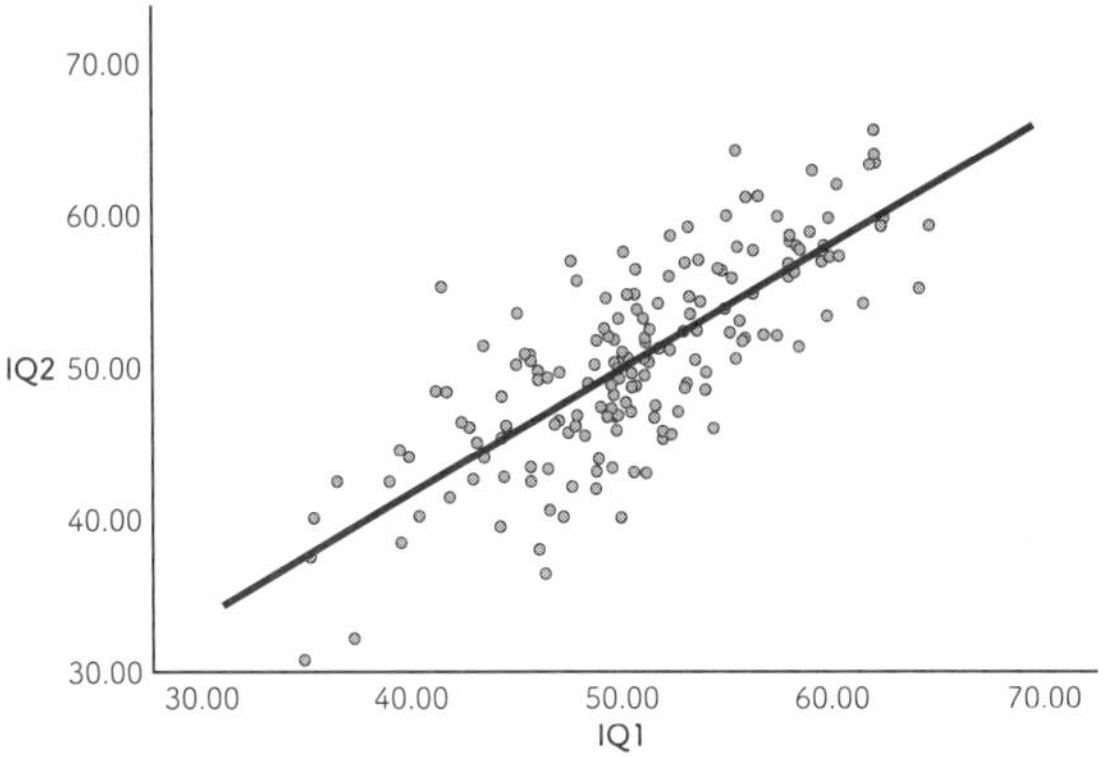

一卵性双生児
相関係数＝0.77

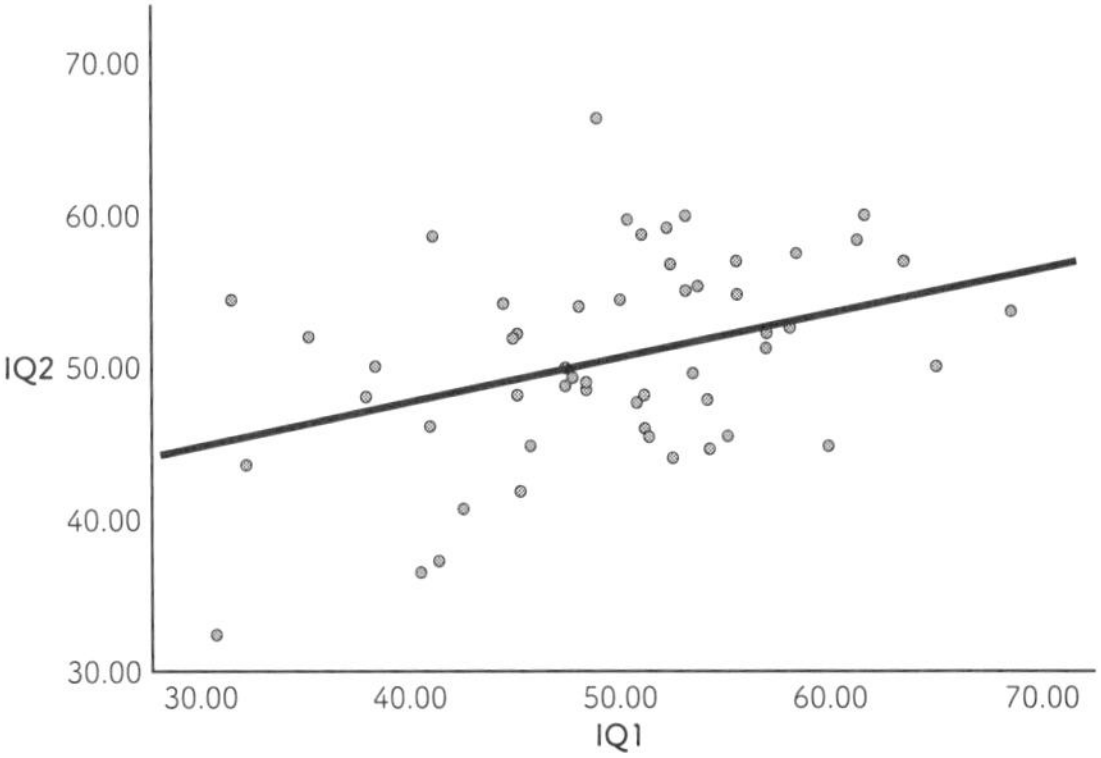

二卵性双生児
相関係数＝0.41

寄与率をx、yとしておきましょう。
一卵性双生児の相関係数は0・77ですから、
x＋y＝0・77
二卵性双生児の場合、各ペアの遺伝子配列の類似度はだいたい50パーセントでしたね。
ということは、
0・5x＋y＝0・41
と表すことができます。
この連立方程式を解くと、
x＝0・72、y＝0・05
つまり、青年期におけるIQの個人差は、遺伝72パーセント、共有環境5パーセント、非共有環境23パーセントで説明できることになります。
なお、統計学的により適切な推計には、構造方程式モデリングという方法を使います。34ページの表では、さまざまな心理、行動、形質について双生児の相関係数と、そこから構造方程式モデリングを用いて推定した遺伝・共有環境・非共有環境の割合を示しています。

共有環境、非共有環境には、どんな要因が含まれる？

環境には、家族のメンバーを似させようとする「**共有環境**」、異ならせようとする「**非共有環境**」の2つがあると述べました。

それでは、何が共有環境、あるいは非共有環境ということになるのでしょうか？

家族のメンバーを似させようというのだから共有環境は家の習慣や子育て、逆に非共有環境は家庭外のことだと思うかもしれませんが、必ずしもそういうことではありません。

前項では、遺伝、共有環境、非共有環境の影響率を求めましたが、共有環境や非共有環境に関しては、あくまで統計的な処理によって求められる抽象的で概念的な値だということに注意してください。

具体的にどのような要因が共有環境なのか、あるいは非共有環境なのかは、この計算からはわかりません。環境の何が共有環境として働いているのか、あるいは非共有環境として働いているのかは、きちんと調査項目を設けて個別に調べる必要があります。

例えば、子どもに対するしつけ。みなさんが予想される通り、確かに家庭内のしつけは、共有環境として働くことが圧倒的に多いのですが、それでも一卵性双生児と二卵性双生児では差があります。「朝食をきちんと食べるか」という質問項目に対しても、一卵性双生児の方が似ているのです。親としては子どもを同じように扱おうと心がけているはずですが、子ども自身の個体差によってしつけの影響もまた変わってくることになります。

ちなみに、家庭内の習慣やしつけだけではなく、地域や学校など、家族間で共有しているその他の要因も共有環境として働く可能性があります。共有環境の重要な点は、それが遺伝的素質にかかわらず、誰に対しても同じように効果を発揮している環境を示唆しているということです。その環境条件が具体的に見つかれば、そこを意図的に変えることで、能力を改善することもできることが期待できます。

それに対して非共有環境とは、ただ単に家族の共有しない、家族を似させなくする環境というだけでなく、「その人にとっての、その時の、その場限りの、いまやっているそのことに関しての環境」、言い換えれば「いま・ここ・これ」です。そしてその本質は「運」です。そのほとんどは偶然に出会う、予測もできなかった環境によって与えられるものです。これは本人の意志にも親の意志にもどうすることもできないもの。**人間は遺伝の法則からも、意志によるコントロールからも支配されない、この「運」、「偶然」、「ガチャ」に**

かなり多く左右されていることを教えてくれるのも、双生児研究です。

ですから非共有環境だからといって家庭外で起こることとは限りません。それどころか家庭外で起こることでも遺伝の影響が強く見られる行動はあります。代表的な行動は、交友関係でしょう。

仮に、外部からの強制で完全にランダムに友達を決められてしまうということであれば、交友関係は非共有環境ということになりますが、現実にそうしたシチュエーションはまずありません。学校のクラス替えは本人の意志ではないでしょうが、クラスの中で誰と付き合うのかは本人がある程度は能動的に選択することになります。

実際、双生児の交友関係について調査してみると、一卵性双生児のペアは二卵性双生児のペアよりも、似たような子を友達として選ぶケースが多いのです。そのように一卵性双生児の方が二卵性双生児よりも類似度が高い行動に関しては、遺伝率として算出されることになります。

交友関係もまた遺伝の影響を受けているということです。

さまざまな形質の双生児の相関と遺伝と環境の割合

		一卵性	二卵性	遺伝	共有環境	非共有環境
身体	指紋のパターン	0.89	0.48	0.91	-	0.09
	体重(15歳時)	0.90	0.46	0.92	-	0.08
	身長(15歳時)	0.97	0.40	0.95	-	0.05
知能	IQ(全体)	0.86	0.60	0.51	0.34	0.15
	IQ(児童期)	0.74	0.53	0.41	0.33	0.26
	IQ(青年期)	0.73	0.46	0.55	0.18	0.27
	IQ(成人期初期)	0.82	0.48	0.66	0.16	0.19
学業成績	国(英)語 9歳	0.78	0.46	0.67	0.11	0.21
	算数 9歳	0.76	0.41	0.72	0.04	0.23
	理科 9歳	0.76	0.44	0.63	0.12	0.24
性格	神経質	0.46	0.18	0.46	-	0.54
	外向性	0.49	0.12	0.46	-	0.54
	開拓性	0.52	0.25	0.52	-	0.48
	同調性	0.38	0.13	0.36	-	0.64
	勤勉性	0.51	0.10	0.52	-	0.48
精神・発達障害	統合失調症	0.48	0.17	0.81	0.11	0.08
	自閉症(男児・親評定)	0.80	0.51	0.82	-	0.18
	ADHD	0.80	0.38	0.80	-	0.20
	うつ傾向	0.36	0.27	0.40	-	0.59
物質依存	アルコール中毒	0.48	0.33	0.54	0.14	0.33
	喫煙(男性)	0.83	0.58	0.58	0.24	0.18
	喫煙(女性)	0.79	0.53	0.54	0.25	0.21
	マリファナ	0.87	0.66	0.61	0.27	0.12
問題行動	反社会性(男性)	0.80	0.52	0.63	0.17	0.21
	反社会性(女性)	0.80	0.42	0.61	0.22	0.17
	ギャンブル	0.49	0.25	0.49	-	0.51
経済	貯蓄率	0.33	0.16	0.33	-	0.67
	寄付の額	0.32	0.10	0.31	-	0.69
	1000円失うか1500円儲かるかが5分5分の賭けをするかしないか	0.25	0.16	0.18	0.07	0.75
	支払いの先延ばしをするかしないか	0.43	0.17	0.18	-	0.82

		一卵性	二卵性	遺伝	共有環境	非共有環境
性体験	24歳時の性体験　男性	0.91	0.56	0.67	0.23	0.10
	女性	0.86	0.61	0.49	0.36	0.15
	24歳時の性交渉相手の数　男性	0.55	0.25	0.55	0.01	0.43
	女性	0.48	0.28	0.42	0.06	0.51
	初体験の年齢　男性	0.63	0.25	0.61	-	0.39
	女性	0.67	0.39	0.54	0.14	0.31
性役割	男性性（男性）	0.42	0.09	0.40	-	0.60
	男性性（女性）	0.47	0.26	0.47	-	0.53
	女性性（男性）	0.24	0.24	0.37	-	0.63
	女性性（女性）	0.49	0.20	0.44	-	0.56
政治思想	不平等を許容するかしないか（右翼か左翼か）	0.28	0.23	0.20	0.09	0.71
	変革を拒否するか（保守か革新か）	0.53	0.36	0.47	0.08	0.45
愛着	母親への愛着（10〜12ヶ月）	0.69	0.66	0.00	0.66	0.34
	親しい人への愛着・不安傾向（24歳）	0.45	0.22	0.45	-	0.55
	親しい人への愛着・回避傾向（24歳）	0.36	0.18	0.36	-	0.64
しつけ・環境（中学生）	子どもの頃、親が仮名や漢字などを教えた（親回答）	0.93	0.89	0.08	0.85	0.07
	子どもの頃、いっしょに遊びや運動、音楽をした（親回答）	0.94	0.89	0.10	0.84	0.06
	私の体（頭・手・おしりなど）をたたく、つねる、けることがある	0.66	0.33	0.65	0.00	0.34
	小学生の頃、私のからだ（頭・手・おしりなど）をたたく、つねる、けることがあった	0.51	0.42	0.19	0.32	0.49
	大人といっしょにテレビを見る	0.93	0.78	0.30	0.63	0.07
	いじめられた	0.46	0.17	0.46	-	0.54
	朝食を食べる回数	0.56	0.37	0.36	0.19	0.44
	朝食にご飯を食べる回数	0.74	0.66	0.17	0.57	0.26
	どのくらい野菜を食べるか	0.50	0.15	0.50	0.00	0.50

Q 子どもの頃からピアノを習っているけど、親が「練習しろ」とうるさく言うせいでイヤになってきた。親も楽器なんて弾けないのに。どうせ音楽の才能も遺伝なんでしょ？

A 遺伝とは親と子が似る・同じになるという意味ではありません。

↓親から子への伝達を、「顔立ち」で大まかに理解する

世間的に「遺伝」と言った場合、親と子が似るとか同じになるといった意味で使われることが多いと思いますが、遺伝とは必ずしもそういうことではありません。

「でも、親子は顔立ちがよく似ていることが多いよね。それは遺伝ではないの?」、そう思われることでしょう。

もちろん、親から子へは遺伝子配列が「伝達」されますから、結果的に親子で顔立ちが似ることはありますが、**似る・似ないが遺伝の本質ではない**ということです。

親から子へどのように形質が伝達されるのか。まずは、「顔立ち」を使って、ざっくりとしたイメージで説明してみることにしましょう。

人の顔はたくさんのパーツで構成されており、「この子は、目の輪郭がお父さん似だけど、鼻の形はお母さん似ねえ」などと言われたりすることがありますよね。

目の輪郭、鼻の形、唇の形、眉毛やまつげの生え方、頬や顎の形など、たくさんのパーツが父親と母親から子どもに伝達されます（実際はもっと複雑な仕組みですが、ここではとりあえずそういうイメージで捉えておいてください）。

個々のパーツは、確かにお父さん、お母さんに似ているわけですが、出来上がった子どもの顔は、お父さんそのものでもなければ、お母さんそのものでもありません。お父さん、お母さんからいくつかのパーツが伝達された結果、まったく別の顔立ちが作られたのです。どんなパーツが伝達されてどんな顔立ちになるのかは、父と母それぞれの生殖細胞で減数分裂が行われた後、受精卵になった時点で決まります。こうして作られた顔立ちが遺伝だと考えればよいでしょう。

ちなみに、顔立ち自体は遺伝であるわけですが、それだけでその人の「顔」が決まるわけではありません。どういう表情をするかによって、顔の印象はまったく違ってくるものです。俳優に限らず人は自分の人生でさまざまな役柄を演じることになりますが、二枚目的な役柄を演じることが多い人と、強面な役柄を演じることが多い人では、顔から受ける印象は大きく異なってくることでしょう。どんな役柄を演じる舞台や脚本を与えられるかが、つまりは環境ということです。そういう意味で、**人の顔は、親から伝達されたパーツで構成された顔立ちと、どういう表情をすることになるかという環境によってできている**と言うことができます。

この顔立ちで説明したことは、他のさまざまな形質（個体に現れてくる形態や機能の特徴のこと）についても当てはまります。親から子にはパーツが伝達されるけれど、そのパーツが組み合わさってできる形質は親と同じではないし、環境の影響も受けるということです。

何となく、伝達のイメージがつかめたでしょうか。

↓同じ親からさまざまな子どもが生まれる理由

ここまでは顔のパーツが親から子に伝達されるという、かなり大ざっぱなイメージでしたが、もう少し詳しく伝達の仕組みを説明することにしましょう。

何らかの形質に関わる遺伝子は、２本１対の染色体上に乗っており、精子や卵子が作られる際、染色体のどちらか一方がランダムに選ばれます。これが減数分裂で行われていることでした。父親の精子、母親の卵子が受精すると、片方しかなかった染色体が、相手の染色体とペアになり、受精卵になります。

では、親の形質はどのように伝達することになるのでしょうか。

ここでは、5対の染色体それぞれの上に1対2個、全部で5対10個の対立遺伝子があり、それらの遺伝子の組み合わせで決まる形質があると仮定します。

染色体1〜5のそれぞれには、「-1」、「0」、「1」のいずれかの遺伝子が乗るとします。「-1」の遺伝子は平均よりも形質のスコアを低くする効果、「0」には平均並みに留める効果、「1」には平均よりも高くする効果があります。染色体上にどのような遺伝子が乗っているのかを示したのが遺伝子型です。

例えば、父親の遺伝子型は、

- 染色体1：0、1
- 染色体2：1、0
- 染色体3：0、-1
- 染色体4：0、-1
- 染色体5：-1、1

一方、母親の遺伝子型は、

- 染色体1：1、0
- 染色体2：1、1
- 染色体3：1、0
- 染色体4：1、0
- 染色体5：1、1

だったとしましょう。

遺伝子型の合計値（遺伝子型値）は、それぞれの染色体に乗っている遺伝子型の効果量を足し合わせて父親は0、母親は7になります。

遺伝子型値0の父親と7の母親からは、どんな子どもが生まれるのでしょうか？

0＋7＝7の半分で、3・5でしょうか？

いいえ、そういう風にはなりません。

減数分裂が行われる際、各染色体ペアのどちらかがランダムに選ばれるわけですから、一番効果量の低いケースでは、

- 染色体1：0（父由来）、0（母由来）

●染色体2：0（父由来）、1（母由来）
●染色体3：-1（父由来）、0（母由来）
●染色体4：-1（父由来）、0（母由来）
●染色体5：-1（父由来）、1（母由来）

で-1。

逆に一番効果量の高いケースでは、

●染色体1：1（父由来）、1（母由来）
●染色体2：1（父由来）、1（母由来）
●染色体3：0（父由来）、1（母由来）
●染色体4：0（父由来）、1（母由来）
●染色体5：1（父由来）、1（母由来）

で8になります。

つまり、遺伝子型値0と7の両親からであっても、-1から8までの遺伝子型値の子どもが生まれる可能性があるわけです。

子どもの遺伝子型値が両親の中間くらいになる可能性が高いのは確かですが、そのバリ

親からの形質の伝達

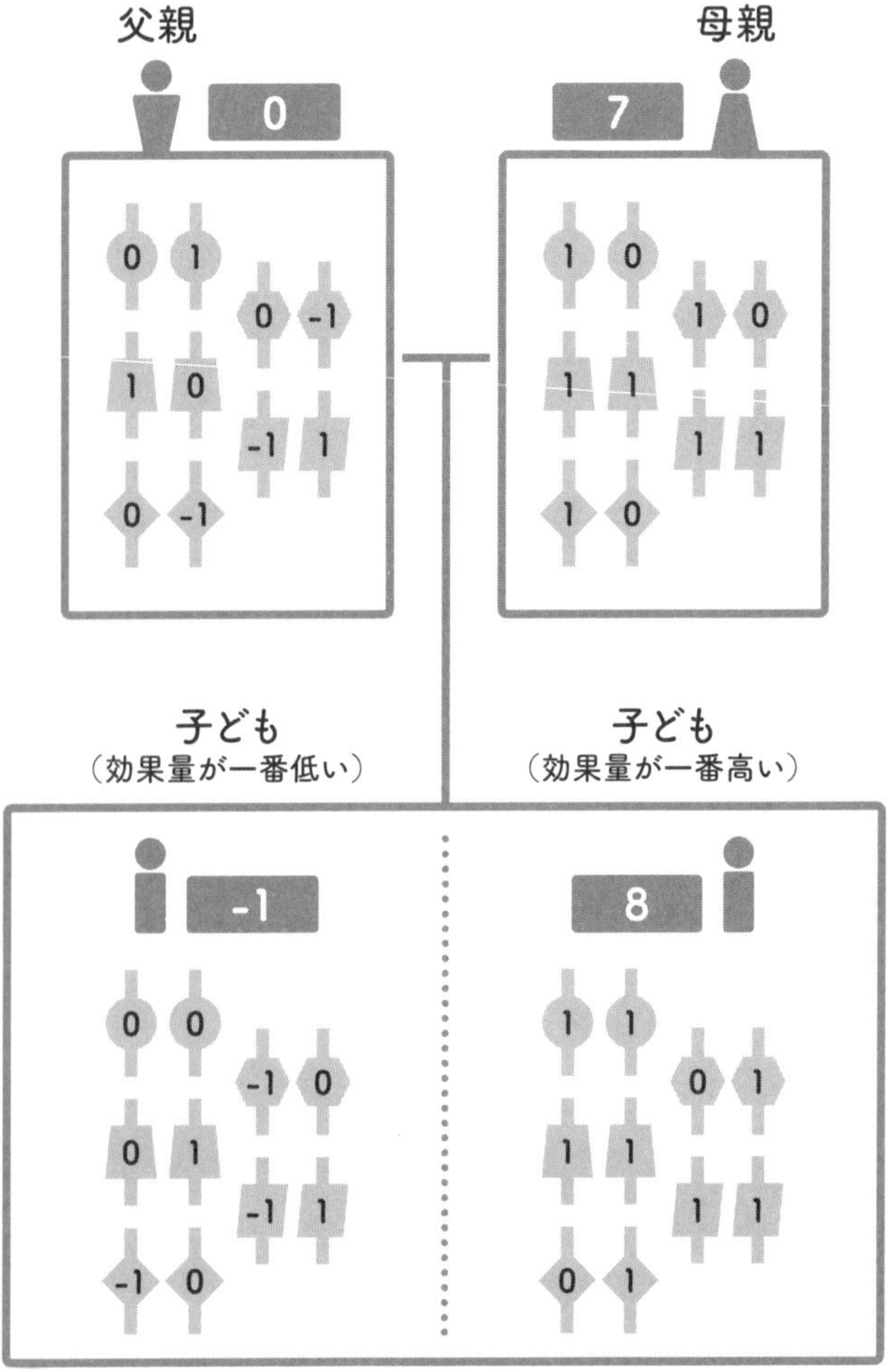
父親
母親
0
7
0 1 0 -1 1 0 -1 1 0 -1
1 0 1 0 1 1 1 1 1 0
子ども
（効果量が一番低い）
子ども
（効果量が一番高い）
-1
8
0 0 -1 0 0 1 -1 1 -1 0
1 1 0 1 1 1 1 1 0 1

エーションの幅はかなり広いことがわかります。

このように効果量の足し合わせで遺伝的素質が決まるタイプの遺伝を、「**相加的遺伝**」と呼びます。

一方、単純な足し合わせでは遺伝子的素質が決まらないタイプの遺伝もあり、こちらは「**非相加的遺伝**」と言います。

代表的な非相加的遺伝としては、中学や高校の生物で習う「メンデルの法則」があります。エンドウの種子にはつるっとした丸いタイプと、しわの寄ったタイプがあり、これらを掛け合わせると子の種子はどうなるか、という有名な実験から導き出された法則です。種子の形に関わっている遺伝子にはA（丸）とa（しわ）の2つがあり、遺伝子型がAAの時には表現型がA（丸）、aaの時には表現型がa（しわ）、Aaの時には表現型がA（丸）になります。遺伝子型Aaの時には遺伝子Aの形質しか現れないことから、Aを顕性遺伝子（以前は優性遺伝子と言っていました）、aを潜性遺伝子（こちらも以前は劣性遺伝子と言っていました）と呼びます。これが相加的遺伝だったら丸としわのちょうど真ん中くらいの、しわしわ加減の緩い種子ができるはずです。でもそうならないから「非相加的」というわけです。

人間のABO血液型も非相加的遺伝ですね。遺伝子型がAAまたはAOならA型、BBまたはBOならB型、OOならO型、ABならAB型になるということはよく知られています。

もっとも、人間のさまざまな形質の大部分は相加的遺伝で説明でき、知能や学力なども相加的遺伝の傾向が強い形質です。一方、パーソナリティや精神疾患、脳波に関しては非相加的遺伝も見られます（それでも、相加的遺伝の方が大きい場合が多いのですが）。

↓知能の高い親からは、知能の高い子が生まれる？

知能や学力は、相加的遺伝の傾向が強いと述べました。

ではこうした形質に関して、親と子はどの程度「似る」のでしょうか。

先の相加的遺伝の説明にもあったように、同じ両親からさまざまな表現型の子どもが生まれるのは確かです。ただ、相加的遺伝の場合、子の表現型は、両親の形質の中間くらいになる確率が最も高くはなります。それに加えて、「平均への回帰」という統計的な現象も、子の表現型に影響してきます。

例えば、両親共に知能が平均よりもずっと高かった場合、子どもの知能の平均は両親の

両親の知能の平均と子どもの知能

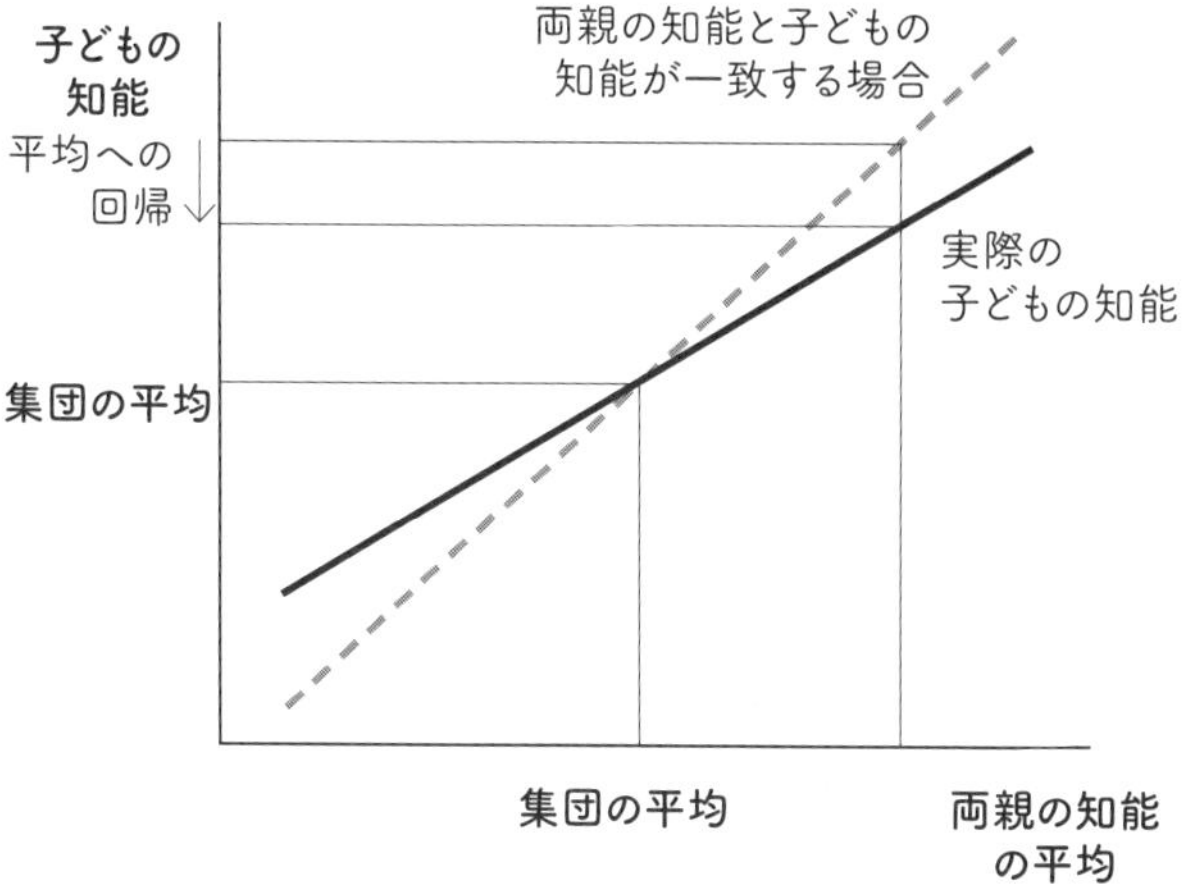

中間より、集団全体の平均に近づく確率が高くなります。これは逆もしかりで、両親ともに知能が平均よりもずっと低い場合にも、子どもの知能は両親の中間より平均に近づきます（ちなみに毎世代毎世代、子どもの知能が平均に回帰すると、やがて全員が平均値に収束してしまうと思われるかもしれませんが、そうではありません。確かに知能が高い両親の平均値より子どもの値は小さくなる確率は高いですが、それよりは低い確率ながらも両親の平均値と同じかそれより高い値になる子も生まれるので、全体としては前の世代と同じになるのです）。

　要するに、ものすごく出来のよい両親から生まれる子どもは、両親ほどには出来がよくない（それでも平均よりは出来がよい）確率が高くなります。出来がよい両親ほど、「なんでこの子はあんまり出来がよくないんだろう」と悩む確率が高くなると言えるかもしれませんね。

トップアスリートの子どもが親ほど成績を出せないケースはよくありますが、これも平均への回帰で説明できるでしょう。

これは逆もあります。ものすごく出来の悪い両親（！）からはそれよりは出来のよい子が生まれる確率が高くなります。

↓音楽がやりたいと感じることも才能の発露

両親共にまったく音感がなくて、音楽にもほとんど興味なし。だけど、「ピアニストは格好いいから」という理由で、子どもにピアノを習わせる……。こういう状況であっても、子どもがピアノに少しでも楽しさを見出しているのなら、ピアノを続けさせることに意味はあるでしょう。後の章で詳しく述べますが、本人がやりたいと感じるのは、すでにれっきとした才能の発露なのです。プロのピアニストになれなかったとしても、ピアノを弾くことを楽しみ、ピアノ音楽の世界に触れることができるのは素晴らしいことだと思います。

両親に音楽の才能や興味がなくて、子どももピアノが大して好きでなく、ただ親の見栄だけで子どもにピアノを習わせようとしている場合。これはわかりやすいですね。この場合は、親、子どもの双方にとって何もよいことはありませんから、さっさとやめて別のことに投資した方がよいでしょう。

両親共にすごく音楽の才能があるのであれば、子どもも音楽の才能を持っている確率はある程度は高くなるとは言えます。それでも子どもが音楽全般にまったく関心を持てないというのであれば、素質がないということですから、もっと子どもが興味を自ずと感じられる他の分野に、時間とお金と心を向けた方がいいでしょう（もっとも本当は素質があるのに、親に反発したいがために関心を向けようとしないなんてことは往々にしてあります。時を待ちましょう。本当に素質があれば、きっといつかもどってきます）。

ピアノを弾くことは好きではないけれど、音楽がすごく好きというのなら、音楽に関する何らかの素質はあるのかもしれません。その場合は、自分が「好き」と感じるジャンルなり楽器なりをより深掘りしてみることです。才能をどう深掘りするかについては、第3章でもう少し詳しく語ることにしましょう。

Q

遺伝とか言っても、やっぱり大事なのは環境でしょ？　環境がなければ始まらないじゃないですか⁉

A 環境さえ同じにすれば同じ能力を発揮できるわけではありません。

↓純粋な環境など存在しない

人間の備えているさまざまな形質、知能や運動などの能力からパーソナリティ、精神疾患まで、遺伝が非常に大きな影響を与えていることを説明してきました。形質によっては遺伝率が非常に高くなる可能性があるものもありますが、それ以外のほとんどの形質についても40～60パーセント程度は遺伝の影響があると見ておけば、だいたい間違いありません。

遺伝と環境の影響は半々をデフォルトとして考えよ、ということです。

こう聞くと、「何だか当たり前のことを言っているなあ」と思われるかもしれませんね。

その人らしさに遺伝と環境の両方が関わっているなんて、双生児法の研究がどうとか言わなくてもわかっているよと言いたくなりますね。しかし、そこが落とし穴。遺伝と環境について思い悩む時、人はたいてい「遺伝か環境かどちらか一方」だけに原因を求め、それだけで考えようとします。その時でも「遺伝も環境も両方」を考え続けられる人に出会うことは、経験上非常に稀です。

例えば「環境の影響が半分あるということは、環境をがらりと変えれば、能力をもっと伸ばしたりできるということではないか」と考えたくなりますよね。その時あなたはすでに環境のことしか考えていないのではないでしょうか。その環境の影響も遺伝次第なのです。

では、そもそも環境とは何でしょう。

家にどれだけ子どもが手に取ることのできる蔵書や楽器があるか、親が子どもといっしょに会話や読み聞かせをするか、子どもがかんしゃくを起こした時どれだけ適切に対応できるかなど、こういったことは子どもの成長の良し悪しに影響を与える環境要因として知られています。これらはいかにも「環境」ですよね。

ところが双生児や養子きょうだい（血のつながっていないきょうだいと血のつながったきょうだいの類似性を比較するので、双生児研究に似ています）による研究によれば、こういう環境の個人差にも、なんと40パーセントくらいの遺伝率が見出されるのです。つまり遺伝的に本を読むのが好きな子にはより多くの本が与えられ、遺伝的に聞き分けのいい子には親が頭ごなしに叱りつけるのではなく子どもの言い分により耳を傾けようとしているのです。その人が自分で作る環境、自ずと呼び寄せてしまう環境には、その人の遺伝的素質が多かれ少なかれ反映されるので、環境は純粋に環境の影響とは言えないというのが、環境に関する行動遺伝学の一般的な結論です。

それでは人が持っている何らかの形質を変化させられる純粋な環境はないのでしょうか。あるとすればどのようなものでしょうか。

先に、その人らしさに影響を与えるのは遺伝、共有環境、非共有環境だと説明しました。そして、共有環境や非共有環境というのは、あくまでも統計的な概念であり、具体的な要因を示しているわけではないということも。

しかし調査項目一つ一つを深掘りすることで、ある要因が共有環境として作用しているのか、非共有環境として作用しているのかを計測することは可能です。

例えば、双生児法で遺伝要因の影響を考慮してもなお、純粋に共有環境として学業成績に「悪影響」を与えることが知られているものとして、「ＣＨＡＯＳ」（Confusion,

Hubbub, and Order Scale；混乱・喧騒・秩序尺度）というものがあります。これは家の中がどれだけ静かで落ち着いた雰囲気ではないか、規律正しい生活ができていないかを測る尺度で、例えば「わが家はまるで動物園のようだ」、「家では考えごとができない」、「私たちの家の雰囲気は穏やかだ（逆転項目）」、「一日の始まりは、いつも決まったことをする（逆転項目）」といった項目からなっています。このCHAOS得点は学業成績の5～7パーセントを説明します。たった5～7パーセント？　いえいえ、これは純粋に共有環境の効果としてはなかなかの大きさです。

共有環境にしても非共有環境にしても、環境は無数の環境要因で構成されており、多少なりとも効果量を計測できている要因はそのごく一部でしかありません。特に非共有環境は、文字通り一人ひとり違い、同じ人でも時と場所によって違う偶然や運の産物で、科学的に捉えどころがありません。それが最も大きな環境要因のみなもとなのです。

物理的には同じように見える環境を用意したとしても、その環境が各個人に対して同じように働くとは限らない、というよりむしろ同じに働くことはないと考えた方がよいでしょう。ある時点で同じ景色や出来事を経験しても、次の瞬間にはそれぞれ別の景色や出来事に出会い、違う経験の連鎖となってゆく。その異なる経験の連鎖から何を切り取り、何を知識として積み重ねてゆくかに、環境の偶然と遺伝の必然が相互作用していきます。孟母三遷、住む場所や通う学校などを意図的に変えることは、確かにその人らしさに影響してきますが、その影響の仕方にすでにその人の遺伝的素質が反映されるのです。

そういうわけで、そもそも行動遺伝学の観点からすると純粋な環境などこの世には存在しないと言ってよいでしょう。

人間にとっての環境とは、感覚器官を通じて脳をはじめとする神経系が認識している、いわば幻想です。そして、神経系ネットワークはかなりの部分が遺伝によって形成され、その働きが環境刺激のパターンを予測する内的モデルを生み出します。外部からの刺激がその人の知覚や情動、意欲や認知、そして行動にどんな風に影響するか、それは各人の遺伝的条件によってまったく異なるのです。

遺伝的素質というプリズムを通してしか、人間は環境と関わることはできません。どんな環境であっても、そこには必ず遺伝と環境の相互作用が生じます。

↓子育ての影響は少ない

子育ても同様です。

世の中にはたくさんの子育てメソッドが紹介されていて、「こうやって育てれば、賢い子に育つ」といったことを謳《うた》っています。愛情深く教育熱心な親御さんであればあるほど、子どもにとってよかれと思って、このようなメソッド本を読みあさろうとするでしょう。ひょっとしたら私の書いているこの本も、その中の一つとして選んでくださったかもしれませんね。

けれど、メソッド本と同じようなやり方をしても、それが与える影響は子どもによって変わってきます。例えば、親がきょうだいに対して同じお菓子を与えても、反応はまちまちです。病みつきになるほどそのお菓子が好きになる子どももいれば、一口食べたらもういらないという子どももいるでしょう。また、親としてはどの子も同じように褒めたり叱ったりしているつもりでも、その受け取り方は子どもによって違います。叱られたことをものすごく気にする子もいれば、まったく気にしない子もいます。どういう影響を受けるかは、子どもの遺伝的素質によって変わってきます。それどころか遺伝的素質が同じはずの一卵性双生児の間でも変わってくるのです。

児童期の知能や学力に関してはある程度子育ての影響もあり、これらは共有環境として作用しますが、それでも大きく見積もってトータルで10パーセントから30パーセント程度の影響でしかありません。「子どもに××をしてあげた」、「○○をしてあげた」という個々の要因について言えば、ほとんど計測できない効果量です。

誤解してほしくないのですが、これは子育てが無意味だということではありません。

0・1パーセントの効果量しかない要因も100個行えば、10パーセントの影響を子どもの成績に与えられると、ポジティヴに捉えることもできるでしょう。その一つ一つは、例えば「たまたま図書館で借りてきてあげたこの本を、子どもがいつになく夢中になって読んでくれた」とか「〞この前こんないい話を聞いたのよ〟と聞かせてあげる機会があった」とか「いいタイミングで〞勉強しなさい〟と言ったら、珍しく言うことを聞いてくれた」とか「子どもに親も親なりに努力して学んでいる姿を見せることができた」などといった、そんな日常的な出来事です。そういうことの積み重ねが100個くらい起こり、それと逆効果を持つ関わりを上回れば、それなりに意味を持って子どもの遺伝的素質にプラスアルファを与えることができるということです。

ですから言うまでもないことですが、子育ての影響が少ないというのは、親が子どもの世話をしなくてもいい、関わりを持たなくていいということではありません。子育て（共有環境）の影響が少ないといいますが、これは「こう育てればこうなる」という一般的な子育ての法則があるわけではないと言っているのです。たいていの家庭では、親が赤ちゃんのおしめを替えたり、子どもの食事を作ってあげたり、子どもを褒めたり、いけないことをしたら叱ったりといったことを普通に行っているでしょう。虐待や極端な甘やかしにはならない範囲で、その社会において一般的に行われているであろう子育てがあった上で、家庭ごとの違いがどれだけ子どもの発達に違いを生むかというと、それは決して大きなものではなく、むしろ同じ家庭の中での違いの方が大きいのです。

ただしごく一般的な世話をしていなかったり、虐待をするという状況は、もちろん子どもに対してネガティヴな影響を与えます。実の子を死においやるような環境の影響がないと言っているのではないことは言うまでもありません。

↓自分ではコントロールできない偶然の作用

それでは、非共有環境についてはどうでしょうか。

「家族のメンバーを異ならせ」ているのが非共有環境ですが、いったいどんな環境のことを指しているのでしょうか。

共有環境と同様、非共有環境もあくまで統計的な概念であり、具体的な中身はわかりません。しかし、本人の意志とは無関係に起こり、その結果家族のメンバーを異ならせる方向に働いたのであれば、それは非共有環境だと言うことができます。

例えば、東京で暮らしている一卵性双生児の片割れが、まったくの偶然でなぜかアフリカの奥地で暮らすことになったとしましょう。

これだけドラスティックに住む場所が違っても、もしかするとこの双生児は2人とも同じように絵の才能を開花させるかもしれません。その場合、彼らの絵の才能には遺伝の影響が強く出ていると考えられます。しかし、アフリカに行った片割れは、たまたまのびのび自由に地面に絵を描ける環境と機会があったおかげで絵がとても上手に描けるようになったのに対し、アスファルトだらけの東京に残った片割れは、指導力のない美術の先生に強制的に絵を描かされてどうしてもやる気が起きず、まったく絵が下手くそだったとすれば、住む場所の違いが非共有環境として働いたと言えます。

↓遺伝的素質にも環境にも、揺らぎがある

非共有環境は非常に捉えにくい概念ですね。遺伝と環境がどういう風に関係しているのか、ますますわからなくなったかもしれません。

遺伝と環境との関係をもう少しわかりやすく説明するために、私は「**セットポイント**」という概念を想定してみました。

人間の遺伝的素質に対して、環境は電気のスイッチのようにオン、オフで働くものではありません。ある人に絵の才能があったとして、ある環境では確実に発現するけれど、違う環境ではまったく発現しないといったものではなく、その関係は確率的ということです。

人間の持つ形質は遺伝的な影響を強く受けていますが、完全に固定されているわけではありません。だからといって完全に自由というわけでもなく、一定範囲内で確率的に生じやすい緩く安定した値があります。「セットポイント」は、この緩く安定して決まった値を指します。

例えば、仮に野球の能力（野球と一口に言ってもいろんな能力がありますので、あくまでも仮にです）について1から5までの5段階で点数化した場合、ある人のセットポイントが3だったとしましょう。確率的には、その人の能力は3の場合が多いのですが、特定の状況では4になってすごい力を発揮することもあるし、逆に状況によっては2の力しか発揮できないこともあります。状況が変わっても、1や5になることはほとんどありません。これがセットポイントのイメージです。

セットポイントは、環境の側にもあると私は考えています。

そこそこよい指導者がいる野球部はセットポイントが4くらいあって、おしなべて部員の能力を引き出すことができる。これに対して、あまりよろしくない指導者がいる野球部はセットポイントが2で、部員があまり上達しない。部員個人が持つ遺伝的素質のセットポイントと環境側のセットポイントが足し合わさることで、その個人の発揮できる能力は変動すると考えるわけです。どの野球部に入るかが完全に抽選で決まるとすれば、その偶然性が非共有環境として計測されていると言うこともできるでしょう。

ただ世の中、ごく稀にへそ曲がりがいて、遺伝的素質のセットポイントが2の人がたまたま出会ったセットポイント2の指導者の持つ何かに強烈にインスパイアされて、いきなり4の能力を発揮してしまうということがないとは限りません。これを遺伝と環境の交互作用と言います。こんな稀な出来事が生ずるメカニズムは複雑すぎて解明不能です。しかも偶然の予測不能でランダムな出来事なので、行動遺伝学のモデルでは非共有環境に組み入れられてしまっています。そんなことが誰にでも起こる保証はまったくありませんし、ましてや教育システムの中に計画的に組み込むのは無理です。しかしもしそんな出会いがあれば、人生が大きく変わる可能性があることは否定できません。これは基本的には科学が扱える範疇《はんちゅう》にはなく、「偶然」、「ランダム」、「非共有環境」と名づけることしかできません。非共有環境の大きさがしばしば遺伝に匹敵したりそれ以上に大きいこともあることを考えると、科学が扱いきれないこの予測不能なランダムな環境こそが人生にとって重要なのかもしれません。まさに「人生の妙」ですね。

こうした揺らぎがセットポイントの周りに漂っている。しかし人の人生の大部分は確率的にはこの遺伝と環境のそれぞれのセットポイント近くで起こるので、まずはそれをしっかり認識する必要があります。

ただし科学的に扱える範囲での「遺伝と環境の交互作用」もあることを忘れてはいけません（119ページを参照）。

↓パーソナリティは、状況によって変動しやすい

もう1つ、非共有環境が少なからず関わってくる形質として、パーソナリティがあります。

実は形質によって、どれだけ安定した点数が出るのかが違います。例えば、形質の中でも知能などはあまり状況に左右されず、時間を著しく大きく空けなければ、何回テストし

てもだいたい同じような点数になります（これは英語のＴＯＥＦＬやＴＯＥＩＣでもそうで、同時期にこれら2つのテストを受ければ、その換算点はだいたい同じになります）。

一方、パーソナリティは状況によって変動する幅が大きい。例えば神経質さの調査ではこの変動が顕著に出ます。「見ず知らずの人の前で緊張するか」といった質問があった場合、調査を行っている場所やタイミングによって回答が変わってくることはおわかりでしょう。さすがに、こうした調査の状況を１００パーセント、制御することはできません。どういう環境が選ばれるのか、その環境が被験者にとってどういう影響を与えるのか。こうした偶然の要素が非共有環境に大きく関わってきます。

以上をまとめると、環境というのは膨大な要因で構成されており、一つ一つの要因の効果量は極めて微小、なおかつしばしば遺伝的素質と複雑な交互作用をしているということです。誰にとっても同様に作用する、単純な環境というものは存在しません。あらゆる形質は、遺伝と環境が複雑に作用して形成されているのです。

Q 人の才能は遺伝子で決まってしまうの？

A 個人レベルで遺伝子を調べることにより、ある程度は能力を予測することが可能になりつつあります。

↓ 双生児法の示す遺伝率は集団レベル

行動遺伝学における遺伝研究の中心的手法は双生児法です。双生児法によって、どんな能力についても遺伝の影響が50パーセントはあるということが明らかになりました。

注意してほしいのは、双生児法によって算出される遺伝の影響はあくまでも集団レベルの統計量だということ。研究の対象となった集団において、ある表現型のばらつきがどれくらい遺伝のばらつきで説明できるか、環境によって変化させるのがどの程度難しいかを示しているにすぎません。

例えば、体重の遺伝率は90パーセント以上だということはわかっています。これは環境を変えても体重を変えるのは一般的にはなかなか難しいですよということを示しているのであり、あなた個人にぴったり合ったダイエット法に出会って、体重が劇的に減ることは絶対にありえないとまでは言っていないのです。まあ体重に関して言えば、生物学的な代謝のメカニズムによるわけですから、痩せている人が暴飲暴食をして太るのは、その逆よりはだいぶ簡単だとは思いますが。双生児法の示す遺伝率は、あなたにどんな能力があるのか、将来どうなっていくのかを一般的な意味で示すことしかできません。個人レベルでどのような能力があるのか、あるいは将来的にどうなるのかを知ることはできない――というのが2010年代半ばまでの常識でした。

↓遺伝的変異と表現型の関係を調べるGWAS

一方、2000年代初頭には、ゲノムワイド関連解析（GWAS：Genome Wide Association Study）という手法が登場しました。

GWASは、異なる個人間のゲノム全域について、遺伝的な変異のある場所と表現型との関係を調べるというもの。それを使って「こういう遺伝的変異があると、表現型にこれくらいの影響がありそう」ということを、**ポリジェニックスコア**という点数で表します。

調査対象とする遺伝的変異は、おもにSNP（スニップ：Single Nucleotide Polymorphism）、一塩基多型です。SNPというのは、他の人と比べて、1ヶ所の塩基だけが異なっている変異を指します。

GWAS以前の遺伝子解析手法ではモノジェニック、つまり、ある1つの遺伝子の変異がどのように表現型に影響するかを調べることしかできませんでした。

例えば1996年に報告されたドーパミンという神経伝達物質に関わるDRD4という遺伝子が、新奇性追求というパーソナリティ特性の個人差に関わることがわかったという具合です（この結果はその後の数多くの追試から検証されませんでしたが）。

しかし、単一の遺伝子によって説明できる表現型はそれほど多くありません。ほとんどの表現型は、複数の遺伝子の作用によって発現するポリジェニックなものなのです。

GWASでは、どういう遺伝子がどう働いているのかはわからないにしても、染色体上のどの位置に関連するSNPがあるかが示され、その情報全体から病気などのリスクを確率的に示すことができます。高脂血症、高血圧、糖尿病、がん、心筋梗塞、アルツハイマー病などについて、発症を早期に予測して予防しようという動きが盛んになってきました。病気以外の表現型についてもGWASで明らかにしようという試みは行われていましたが、2016年くらいまでは、あまり成果があがってはいませんでした。知能テストの成績と参加者のゲノム解析から、知能に影響を与えていると思われるSNPが70個程度見つかってはいましたが、これらSNPの効果量を足し合わせても、その影響はせいぜい数パーセントといったところ。双生児法によって算出される知能の遺伝率50〜60パーセントとは大きな開きがありました。ゲノム解析で個人レベルの能力を明らかにできるのは、不可能か、少なくともまだまだ遠い先のことだろう、私はそう考えていました。

ところが2016年頃から状況は急速に変化します。学歴に影響を与えていると思われるSNPがいきなり1200個以上も見つかったのです（一般的に学歴と知能には強い相関があります）。SNP一つ一つの効果量は微小なものですが、足し合わせると12パーセントにもなったのです。つまり、ゲノム検査の結果によって、個人レベルの学歴について10パーセント以上まで説明可能になってきたということです。

70個しか見つかっていなかったSNPが、いきなり1200個以上になったのを不思議に思う人もいるでしょう。

世界各地にはゲノム情報と共に各種の身体的・生理的特徴、生体サンプル、生活状態などの情報を大規模に収集しているバイオバンクとよばれる研究事業があります（イギリスのＵＫバイオバンクなど）。また23ａｎｄＭＥのような遺伝子検査サービスも大規模なデータベースをもっています。こうしたデータベースには学歴も基本情報として登録されており、それらを合わせると１００万人以上のデータになります。そこで知能と０・５の相関がある学歴データも知能の指標として使えることに気づいた研究者がいました。このデータをＧＷＡＳにかけることで一気に研究が進んだというわけです。

さらに２０２２年の最新の論文では、サンプルがさらに３００万人に増え、その説明率は16パーセントにまでなりました。

↓遺伝子を調べると、将来の学歴がわかる？

ＵＫバイオバンクなどのデータから学歴についてのポリジェニックスコアが算出され、これを用いた研究も進んでいます。中でも大きな注目を集めたのが、アメリカの行動遺伝学者キャサリン・ハーデンらが２０２０年に発表した研究です。

研究対象となったのは、１９９４年および１９９５年から４年間、アメリカの高校に在学していたヨーロッパ系の生徒３６３５人。アメリカの高校では難易度によって数学のコースが分かれているのですが、ハーデンらは学歴に関するポリジェニックスコアが最終的な学歴にどう関係しているのかを調べました。9年生（日本の中学3年生に相当）の時点で、学歴ポリジェニックスコアが高い生徒ほど難易度の高い数学コースから始めており、高校卒業後にはカレッジ、さらには大学院に進みます。途中で脱落する人もあまりいません。

これに対して、学歴ポリジェニックスコアが低い生徒は、9年生時点で難易度の低いコースから始めて、途中で脱落することが多くなります。一番下のグレードから始めた生徒で、最終的な学歴がカレッジ以上の生徒はいません。

これは私もさすがになかなか怖い研究結果だと感じています。

この研究では、生徒のＳＥＳとの関連についても調べています。ＳＥＳとはSocioeconomic Statusの略で、学歴、収入、職業などを組み合わせて算出した社会経済状況のことです。

その学校に通う生徒のＳＥＳの平均が高いか低いかに関係なく、ポリジェニックスコアの高い生徒は数学のトレーニングに取り組みます。ＳＥＳの低い生徒が多く通う学校の場合は平均もしくは低スコアの生徒は脱落しやすく、ＳＥＳの高い生徒が多く通う学校ではポリジェニックスコアが非常に低い生徒だけが脱落してしまいます。要するに、ポリジェニックスコアの高い生徒はどんな学校でも優秀だけれど、スコアが平均あるいは低い生徒に関しては学校の良し悪しが関係してくるということです。

現在のところ学歴ポリジェニックスコアによる効果量は12〜16パーセント程度ですが、今後分析対象のデータが増えてきたり他のデータとの相関を調べたりすることで、効果量は上がっていくと考えられます。

生まれた時、いや母親の胎内にいる時に、遺伝子検査を行うことで、将来的な学歴についてもある程度わかるようになってきている――。

もちろん環境の影響も50パーセントはあり、関連のあるSNPや遺伝子がすべてわかっても、双生児研究で見出された遺伝率50パーセントを超えるわけではないのですから、遺伝子検査だけで子どもの将来が確実にわかるわけではありません。それでもその人の大学進学の潜在能力のセットポイントは具体的に数値化され、難関大学に行ける可能性が高いか低いかについては、一昔前の天気予報程度、いまの地震の予測確率以上には当たるようになってくるでしょう。

最近は遺伝子検査ビジネスが盛んになってきています。現在のところ、病気のリスクについて説明するものが中心ですが、実は説明力が最も大きいのは病気のリスクよりもこの学歴、あるいはそこから示唆される知能なのです。

それは分析されたDNAサンプルの数が、特定の病気を持っている人の数より、学歴と収入や職業の情報を提供してくれた人の数の方が圧倒的に多いからにすぎません。理論的には学歴のみならず、知能をはじめ、パーソナリティ、スポーツ、芸術など、あらゆる分野についてポリジェニックスコアを算出することが可能です。それを測定する方法と、その測定値といっしょにDNAサンプルを数多く（数百万人あるいはそれ以上）提供してもらえるシステムを作りさえすれば。

しかし、あなたはそのようなシステムができることを望みますか？

Q そもそも才能とは何でしょうか？

A 生まれつき持っているその人ならではの「得意」なことと、社会的な評価が絡み合ったものです。

↓ 能力とは、ある個人が特定の課題に対して一貫して見せる行動

才能というのは、人の持っている能力のうち、社会的に傑出していると見なされるもののことです。この定義に関しては、概ね納得していただけるのではないかと思います。

では、能力とははたして何なのでしょうか。

ある人がリストの『ラ・カンパネラ』というピアノの難曲を、それ一曲だけ弾けたとしましょう。後にも先にもその人が弾けるピアノ曲は『ラ・カンパネラ』だけ。この人は、他のピアノ曲はおろか、他の楽器についても何も演奏できないし、楽譜も読めません。確率的に極めて低い奇跡のような出来事ではありますが、これはある漁師さんに実際にあっ

た感動的な出来事です。

ではこの出来事をもってこの漁師さんにプロのピアニストと同じ音楽の能力があると言えるでしょうか。その能力を持つことのできる潜在的可能性はあると言えるでしょう。その意味で素質は確実にある、しかし実現された能力がピアニストと同じとは言えないでしょう。

ある個人が特定の課題に対して、単発ではなく、繰り返し安定して一貫した何らかの行動を見せる時、私たちは「能力がある」と見なします。

能力というのは、たいてい階層構造を持っているものです。普通は『ラ・カンパネラ』だけしか弾けないという人はおらず、『ラ・カンパネラ』が弾けるくらいならピアノ曲はたいがい何でも弾ける、さらにその中でもロマン派が得意、ピアノ曲が全般的に得意、楽器の種類や音楽のジャンルを問わず、全般的に音感・リズム感がある……というように、「音楽の能力」は緩い階層構造をなしています。音楽の能力がある人でも、ショパンよりバッハが得意な人もいるでしょうし、ピアノではなくヴァイオリンが得意な人もいるでしょう。あるいは、クラシックには全然興味がなくて、演歌やJ-POPが得意な人もいるはずです。

音楽を例に出しましたが、社会的に共有されている文化領域について、ある個人が一貫したレベルの行動を示す時、そこにはこのような階層性をなした能力があると言えます。

↓能力は、社会構築物と生物学的なメカニズムの両方で成り立っている

では能力というのはいわゆる社会構築物、つまり特定の社会において人工的に作られた概念なのでしょうか。

あらゆる能力について、社会構築物と生物学的なメカニズムを明確に区別することなどできない、そう私は考えています。

例えば、身長を考えてみましょう。身長こそ、純粋に生物学的な形質であり、社会構築物などというものが入り込む余地はないように思うかもしれません。

ならば、赤ちゃんの身長はどうでしょう。赤ちゃんはまっすぐ立ったりできません。横になった赤ちゃんの長さを測ることはできますが、どういう状態のどこの部分を測ったものが身長なのでしょうか。大人だったら身長を測る時に背伸びしたり背中を曲げていたりしたら看護師さんに怒られますよね。純粋に生物学的な概念であるはずの身長ですら、その社会による認識と不可分なのです。

逆に、「ショパン国際ピアノコンクール優勝者」とか、「東大生」というのは、確かに社

会によるラベリングです。けれど、ショパン国際ピアノコンクールで優勝した人の演奏は、「優勝者」ということを知らずに聞いても、他の人には真似できないほど素晴らしい場合が多い。ラジオでたまたま途中から聞いて感動して、「いったいこのピアニストは誰だ」と思って経歴を知ったら、有名な国際コンクールの優勝者だったということはしばしばあります（もちろんそうじゃない場合もありますが）。東大卒にも世間を騒がせるような愚かな人、大したことのない人もそこそこいるでしょうが、人並み以上の問題解決能力を持っているとたいていの人は期待するし、いい仕事をしてくれるという人も実際にけっこういるものです。

生物学的なメカニズムに基づいて、**ある人が何らかの一定の行動を示し、それを社会が評価した時、そこに「能力」が立ち現れるのです。一方、生物学的なメカニズムに基づいて何らかの一定の行動を示したとしても、社会にそれを評価する目がなければ能力として認知されることがない**———。これは重要なポイントですから、よく覚えておいていただきたいと思います。

↓能力と神経系のネットワーク

能力は生物学的なメカニズムに基づいていると述べましたが、ではそのメカニズムとはどのようなものでしょうか。

身長や体重など身体の形状はともかくとして、人間の示す行動のほとんどには脳のネットワークが関係しています。脳のネットワークは一人ひとり異なり、どのような構成になるかについては遺伝が大きく影響しています。外部からの刺激に対して、どう反応するのか。どんなことをどのように記憶して、どういう処理を行うのか。本人が意識している、していないにかかわらず、人間の行動は脳のネットワークによって左右されます。そして、自分にとって自然にできること、得意なことをやっている時には、特定のネットワークが活発になるのです。

近年の脳科学の進歩によって、脳のネットワークと能力の関係が少しずつ明らかになってきました。

脳のネットワークにはさまざまなものがありますが、ここでは大きく3つの種類に注目しましょう。

1つ目のネットワークは**感覚運動ネットワーク**で、後部帯状回から頭頂にかけて存在しており、おもに身体的自己と環境知覚を司っています。2つ目は、背外側前頭前野と後部頭頂葉を中心とした**中央実行ネットワーク**で、ワーキングメモリや自己制御などの高次認知機能を司り、自己と社会を結びつける能動的な情報処理を担っています。そして3つ目は海馬と後部帯状回と内側前頭前野を中心に構成される**デフォルト・モード・ネットワーク**で、記憶と自己そして社会的情動や社会的価値に関わっています。

肉体としての身体を持った生き物として、リアルに環境の中での自己を知覚するモデルを作っているのが感覚運動ネットワーク。自分の周りにある環境を認識し、その中でどう動けば自分がうまく適応できるかを予測します。脳の偶然の配線具合によってどんな行動が得意なのかは人によって異なるわけですが、得意な行動を実際に行えば行うほど正のフィードバックが与えられ、より複雑で高度な行動が可能になっていくと考えられます。

一方で中央実行ネットワークは、いわゆる知的な活動、すなわち社会的な知識や一般的価値観など、抽象的な概念の処理を行います。知能検査や学校の勉強をやる時に使われるのがここの部分で、脳に点在するいろんな知識を結びつける一般知能の中心を担うところです。「自分」が社会においてどんなポジションにあるのかということも認識できるようになるわけですが、あくまで標準的一般的知識をどう制御して使いこなすかに関わるので、詰め込み勉強をしてでも成績を取らねばならない時など、自分のリアルな感覚を抑えてでも、この部分が賦活《ふかつ》し、他の脳活動を抑えてしまうこともありえます。ここが最も遺伝率が高い部分のようです。

感覚運動ネットワークが司る身体を持ったリアルな自分と、一般的抽象的な情報を司る中央実行ネットワークの間を取り持ち、情動を持った一貫性のある自分自身の物語をつむいでいるのがデフォルト・モード・ネットワークです。これはいつでもどこでも、寝ている時すら常に働き、脳のアイドリング機能とも言われます。おそらく次節で述べるような内的感覚、ぼんやりとした心の内なる声として宿っているのもこの部分なのではないかと思われます。

やや単純化したまとめ方でしたが、これら3つのネットワークは状況に応じて使い分けられ、ある部分が活性化すると他の部分の活動が抑制されることもあります。そのバランスが崩れると、何かを一生懸命やろうとするのに、なんか自分らしくないなと感じたり、それに没頭しきれなかったり、無理して詰め込み学習に陥ったりするのだと思われます。

一方才能があると言われる人は、この3つのネットワークが協調してうまく働いており、自分らしさを発揮しながら、次にやるべき学習課題が自ずと思い浮かび、わかった・できるという感覚に導かれながら、真の意味でのアクティヴ・ラーニング状態で学習ができると考えられます。

↓能力は、内的な感覚として立ち現れる

「好きこそものの上手なれ」と昔から言いますが、これは非常に正鵠《せいこく》を射た言葉です。「自分にはそんなに好きなものがない」、「大した能力なんてない」と思う人もいるでしょうが、どんな人間であっても、先述したような形で脳のネットワークは働いているものです。

人より運動や勉強に秀でている――そういう形で能力が発現すればわかりやすいのですが、能力と見なされないくらい微小な好き嫌いということもよくあります。

本を読むより体を動かす方が性に合う、尖ったものより丸っこいものの方が心が落ち着く、キャベツの千切りをしているとなぜか有能感を感じられる、夜のネオンサインに無性に惹《ひ》かれる……。そんな些細な向き不向き、好き嫌い、得意不得意は誰にでもあるでしょう。その人に固有の遺伝的な脳のネットワークが、発達の過程でさまざまな環境と出会い、

相互作用を繰り返しながら、その人独自のそうした違いを、四六時中、意識するしないにかかわらず、見出していると言えます。

音楽的な才能だとか大上段に構えなくても、何かを好むということ自体がすでに「その人らしさ」の表れであり、能力の萌芽なのです。

自分の中にある「これが好き」、「これは得意」、「これならできそう」、そういった**ポジティヴな内的な感覚は、自分の能力に関する重要な手がかり**です。しかし人は往々にして、そんなささやかな内的ポジティヴ感覚を、大したものではない、他の人だってだいたい同じだろう、だから何なのさ、と過小評価し、見過ごしてしまっています。他の人からもなかなか気づいてもらえません。それはそうでしょう、自分にしか感じられない、心の奥から小声でしかささやいてくれない「素質」の芽生えなのですから。

遺伝的な素質に基づいて環境と相互作用し、その内的感覚に素直に従って、それを種として素質をさらに能力として高めていく。好きなことをやっていくうちに、その分野についてどんどん得意になっていくというのは、生物学的に見ても自然なプロセスだと思われます。

↓脳は、予測器である

「内的感覚に耳を澄ませろ」とか「好きなことをやりなさい」などと言われると、何だか自己啓発本のようですね。しかし、近年脳科学の分野で注目を集めている理論も、こうした内的感覚の重要性を示唆しています。

その理論とは、2006年にイギリスの神経科学者であるカール・フリストンが提唱した「自由エネルギー原理」です。自由エネルギー原理はかなり複雑ですが、あえて一言で説明するならば「**脳は予測器である**」ということになります。

人間は脳を通じて外部から環境に関する感覚信号を入力し、外界を認識します。脳はその感覚信号に受動的に反応するのではなく、むしろその感覚信号を送り出してくる環境がどんなものであるかを予測する仮説モデルを、膨大な入力刺激のパターンによる統計的な確率計算を行うことで能動的に作り上げているというのです。これが「脳は予測器である」という自由エネルギー原理です。この予測と実際に受信している感覚信号を比較してずれが最小になるように、つまり計算のためのエネルギーができるだけ少なくなるように脳は計算を繰り返します。これは脳活動自体が行っていると同時に、その内的モデルを検証するために自分自身の体を動かして感覚信号を変化させることによってもなされます。これが行動欲求とか学習活動なのです。このように脳は常に予測を行っており、人間はその予測と現実のずれが最小になるように行動しているというわけです。

これはまだ仮説の域を超えませんが、ランダムに与えられた一人ひとりの遺伝子が作る生まれつきの脳の配線が、その人なりに生み出しやすい内的予測モデルを作り上げ、その人独自の学習を導いているのでしょう。そこから「自分にはこれができそう／できなそう」という予測を生み、その予測を検証するために行動する。その繰り返しによって、ちょっとした遺伝的素質の違いが、能力の発現へとつながっていくと思われます。この内的予測モデルは、自分が意識して作れるものではなく（その意識自体が内的予測モデルから作られているのですから）、ほとんど自動的に、そしてたいがいは意識しなくても働いています。ですからそれを内的感覚として意識的に感知することも難しい場合が少なくないと思われます。しかしあなたの意識のどこかにそれは姿を現しているはずで、それがあるから、人は知らず知らずのうちにその人らしい仕方で環境を解釈し、その中で適応的に学習して行動しているのです。そしてその結果として、遺伝子の同じ一卵性双生児は行動のあらゆる部分で、二卵性双生児以上に似てしまうわけですね。それは双生児ではないあなたの中にも、あなたらしく生じている現象だと考えても不思議はありません。だからこそ、心の内側からささやいてくる内的感覚に耳を澄ませてみましょうと言っているのです。

「才能のある人」に見られる3つの条件

このように、誰にでも起こるプロセスを経て能力は発現するのだと考えられますが、才能と呼ばれる、圧倒的な能力の発現があるのも確かです。

これまでの研究から、才能のある人には3つの条件があると私は考えるようになりました。

1つ目は、**特定の領域に対してフィットしている**こと。特定の領域とは、将棋、ピアノ、スケートなどすでにある程度社会的に確立されている領域を指します。特定の領域に適した脳の配線を生まれながらに持っている人は、そこから発せられる情報に脳の予測モデルをチューニングしやすく、初めてその領域に触れた時であっても他の人に比べて圧倒的に高いパフォーマンスを示すことができます。

2つ目は、**学習曲線が急上昇のカーブを描く**こと。才能があると言われる人は、他の人と同じ経験をしても、吸収する知識量がまったく違います。これは単に目の前にある素材を学習する能力が高いということではないように思われます。いま目の前にあるものよりももっといい状態、いまやっていることの完成形、そういうイメージを予測モデルとして脳が能動的に作り上げ、それをおぼろげに持っていることでその方向に引っ張られるように学習してしまうということなのではないでしょうか。先に「脳は予測器である」と述べましたが、まさにこの「予測脳」の内部モデルの質の高さと言えるでしょう。

そして、3つ目は、当たり前なようですが、そうした学習ができる**十分な環境が与えられている**こと。仮にヴァイオリンを弾くのに適した脳の配線を持っていたとしても、暮らしている空間にヴァイオリンを弾いている人が誰もいないというのであれば、能力が発現する可能性は低くなります。またヴァイオリンを買ってもらえて、ヴァイオリン教室に通わせてもらう機会を与えられても、ヴァイオリンの名曲をたくさん聴くことのできる環境になかったり、ヴァイオリンを自由に弾く時間がなかったり、先生の指導力が低すぎたりすると、そこそこうまくはなれたとしても「才能」としては育たないでしょう。

才能のある人は概して人生の比較的早い時期に、膨大な時間をそのことに没頭して学習する経験をしています。それができる内的な条件と環境が揃った時に、才能が生み出されるのだと思います。分野によっては、特に環境条件を整えるために、ものすごくお金や人脈が必要だったりすることもあるでしょう。しかし現代の日本においては、家がものすごくお金持ちでなくても能力の発現につながるフックはあちこちに転がっています。それこそラジオ、今ならＹｏｕＴｕｂｅから流れてくるヴァイオリンの音色に心惹かれて、ＳＮＳ上でヴァイオリンを持っている友達を見つける……というストーリーもありえるでしょうね。

お気づきかもしれませんが、この３つの条件というのは実のところ結果論にすぎません。つまりうまく才能が発揮された人の状態の共通点を見たら、こういう特徴が見出せると言っているのであり、どうすれば確実にこの条件に自分を合わせて才能を見つけて伸ばせるかの処方箋を出してくれるものではありません。ただその手がかりにはなると思われます。才能をどう伸ばすのかについては、第３章でも考えることにしましょう。

Q 知能って本当にテストで測れるの？

A はい、知能テストで測定した能力が知能指数（IQ）です。

↓知能検査は何を調べているのか

「知能とは、知能検査で測られる能力である」と述べたのは、心理学者のエドウィン・ボーリングです。この答えを聞くと、何だかバカにされたように感じてしまいますね。

しかし、この答えはなかなか的を射ています。ボーリングの知能の定義のように、ある概念を、それを明らかにするための具体的方法によって定義するやり方を「操作的定義」と言います。この操作的定義は、あらゆる能力の定義に用いることができます。「音楽の能力とは、楽器や歌を上手に演奏したり歌ったりできる能力である」、「野球の能力とは、球を速く投げたりヒットやホームランをたくさん打てる能力である」など。つまり「**能力とは、それが実際に発揮された行動によって測られるものである**」と。当たり前じゃないかと怒られそうですが、**能力が内側にある目に見えないものだという考え方を覆している**という意味で画期的です。そしてその行動を他人と比較できるモノサシを作らねば見えるようにはならないと言っているという意味でも重要なのです。音楽やスポーツは、もともとそれを実際にみんなが同じようにやるやり方が決まっていました。音楽をやる人はみんなバッハを学ばねばならないし、スポーツをやる人はみんな短距離や長距離を走らされます。しかし「知能」には、それがなかったのです。

そもそも知能に限らず、「何らかの能力」を測るにはどうすればよいのでしょうか。

例えば、「力」という能力はどうやったら測れるでしょう。ベンチプレスでどれだけのウェイトを持ち上げられるかでしょうか。どれだけ垂直に高く飛び上がれるかでしょうか。実際に行われている体力測定では複数のテスト項目を組み合わせて計測を行います。スポーツ選手を対象にした測定ならば種目によってどの項目を重視するのかは違ってきます。

先にも述べたように、能力はその社会における認識と深く結びついています。どのような能力を社会が求めているか、重要だと考えられているか。能力検査には、そうした社会的な認識が反映されていると言えます。

知能に関しても、「頭のよさ」をどう定量的に測定するのかは大きな課題となっていました。20世紀初頭、こうした課題に応えるため、アルフレッド・ビネーとテオドール・シモンは「知能測定尺度」を作成します。この知能測定尺度では、世間一般で「頭がいい」と考えられている能力をできるだけ多く選び出して、テスト形式にしました。頭のいい人はものをよく覚えられる、法則性を発見するのが早くて正確、たくさんの言葉を知っていて正しく使いこなせるなど。ですから知能テストには、記憶力や語彙力を問うものもあれば、指示に沿った図形を選んだり、記号操作を行ったり、いろいろなものが含まれます。

現在、知能テストとしてよく使われているのは、ビネーらのテストをデイヴィッド・ウェクスラーが改良したものです。これは一人ひとりに検査者が丁寧に問題を出す手間のかかるやり方でしたが、いまではコンピュータでできるものもあります。知能テストの結果は、知能指数（IQ）で表され、得点は平均値が１００となる正規分布を描くように調整されています。知能テストには国ごとの常識問題も含まれていますが（例えば「フランスの首都はどこか」のように）、どの国・時代でも同じ基準で比較できる工夫が施されています。

↓学力と知能にはどんな関係があるのか

「頭のよさ」を調べる検査は、知能テスト以外にもたくさんあります。代表的なのは、学校で行われる学力テストでしょう。学力テストで測られる学業成績に一喜一憂した経験は誰にでもあると思います。

では、知能テストで測られるIQと、学業成績はどう関係しているのでしょうか。

2012年にイギリスで発表された研究では、1万組以上の双生児ペアについて全国学力検査の成績と、学業成績に関係しそうな要因が調査されました。調査された要因は、知能、自己効力感（自分はやれるという感覚）、学校環境（を生徒自身がどう捉えているか）、家庭環境（を生徒自身がどう捉えているか）、パーソナリティ、幸福感、（親の評定による）問題行動、（子ども自身の評定による）問題行動、健康度の9領域です。

どの要因についても、遺伝と環境（共有環境＋非共有環境）の影響がだいたい半分程度出ているのですが、興味深いことに学業成績の遺伝率は60パーセントと、知能の50パーセントを上回っていました。

学業成績の遺伝率60パーセントをさらに詳しく調べてみると、その半分、つまり30パーセントは知能の遺伝率で説明することができ、それ以外に自己効力感、学校環境（家庭環境の影響はほとんどありません）、パーソナリティ、問題行動、幸福感、健康度の順に遺伝の影響があることがわかりました。学業成績には、知能の遺伝要因が最も大きく関わっていますが、それ以外にも複数の遺伝要因が関わっているということです。この研究で調査しているパーソナリティは、勤勉性、知的好奇心、外向性、同調性、神経質傾向などを足し合わせたものですが、中でも学業成績に強く関連しているのが勤勉性でした。

↓知能を巡る2つの考え方

知能というものがどうやって構成されているかについて、心理学ではおもに2つの考え方があります。

1つはハワード・ガードナーが唱える**多重知能論**で、言語的知能、内省的知能、視覚・空間的知能、博物学的知能、論理・数学的知能、対人的知能、音楽的知能、身体・運動感覚知能という8つの知能が別個に存在するとします。

もう1つの考え方は、**一般知能論**です。20世紀のはじめにチャールズ・スピアマンが唱えました。全体的な「頭のよさ」を示す一般知能という能力が存在していて、その下に言語や図形などに関するさまざまな能力が緩やかな階層構造をなしていると考えます。

私は基本的に一般知能論を支持する立場ですが、それぞれの能力が完全に一般知能だけで説明できると考えているわけではありません。しかし、言語に関するテストや数学、図形、記憶などいろいろなテストの結果を見ると、だいたい0・3から0・5くらいの相関があります。言語を使うテストが得意な人は図形や記憶のテストも得意なことが多いわけですから、一般知能の存在を想定することはそれほど不自然なことではないでしょう。

学力は一般知能を基盤にして形成されると考えられます。一般知能があって、それを用いて特定の科目に関するコンテンツの知識を学んでいる。物理や化学の問題を解く時に数学の知識も使うでしょうし、歴史の流れをうまく捉えている人は無意識に頭の中で、その流れのイメージをつかむために微分方程式を解いていることだってあるかもしれません。それぞれの科目の知識は完全な階層構造になっているわけではないけれど、ある程度の領域を作っていて、緩やかに関連してネットワーク構造を作っているのだと思います。異なる知識間のネットワークを作り上げる働きこそが一般知能なのです。

知能と学業成績の間には確かに強い相関があるわけですが、学業成績の良し悪し、いわば学校的知能を、知能そのものと見なし、その出来の良し悪しを過剰に評価しすぎるのは考え物です。

なぜかと言えば、学校的知能とは、あなたや私の置かれたリアルな状況とは必ずしも直結しない標準化された知識についての習熟度を測るものであって、本当の社会で使われている能力そのものではないということです。もちろん教科書に載っている知識は、実際の自然や社会で起こっていること、起こってきたことについて、たくさんの優れた学者や文化人たちが知恵の限りを尽くして作り出してくれた知識のエッセンスです。しかしそのエッセンスの純度があまりにも高すぎるために、それをあなたの生の経験の中でどのように調理して使っていいのか、その道筋が全然見えないことが多いのです。教育関係者や学生時代に成績のよかった人たちは、それが比較的見えやすい人たちなので「学校の勉強はリアルな社会でも役立つ」と言うでしょうが、それはその人たちが働いている業界と学校的知能の相性がよいか、あるいは一般知能が高いので学校の知識とリアルな社会で使う知識のネットワークを自ら作りやすいというだけの話です。

一般知能という大まかな頭のよさというのはあるにしても、その下には特定のコンテンツが入ってきます。学校においてはその特定のコンテンツが国語や数学、理科、社会などと標準化されているわけですが、それだけでリアルな社会のコンテンツを網羅できているわけではありません。多数の家畜をうまく世話する能力、強面の人と交渉する能力、建設機械を使って工事を行う能力……。それらも多かれ少なかれ一般知能と関係していますが、実際の社会生活の場面で発揮される特定のコンテンツと結びついた個別の能力を評価する仕組みは、少なくとも学校には期待できません。そして、一般知能もまた、「どんなことについてもうまく処理できる能力」のことではないのです。

リアルな社会で使われる本物の能力を伝え、さらには評価しようとすれば、少なくともそれぞれについて本物の人を呼んできて、現場で本物の使い方をわかりやすく示してくれないといけませんから、それは非常にコストがかかります。そういう意味で、学校教育は妥協の産物であるとも言えるでしょう。改めて言うまでもないことですが、学校的知能や一般知能が万能の指標ではないことを理解しておく必要があり、学校でうまく行かないからといって、あなたが本当の意味で能力がないというわけではないのです。

↓一般知能の正体に脳科学が迫る

さて、心理学では知能テストなどを通じて知能を研究してきたわけですが、近年では脳科学から知能の正体に迫ろうとする研究も盛んになっています。

例えば、図形パターンの法則性を見つける問題に取り組んでいる被験者の脳を調べると、前頭前野内側領域が活発に働いていることがわかっています。ヒトを含めた霊長類では、先ほど紹介した中央実行ネットワーク、すなわち前頭前野と頭頂葉がどれだけ同調して働いているかが知能と大きく関わっているらしいのです。ちなみにこうした情報処理能力には、パーソナリティの神経症傾向も関わっています。神経症傾向とは、言ってみれば脳の働きにブレーキをかける作用の強さ、これが強すぎると普通の人が平気でやれることまで「これはやってはいけないんじゃないか」と不安に駆られたり神経質になってしまったりするのですが、それが適度な範囲で上手に働ければ、感情や情報処理をうまく制御して適切にコンテンツに注意を向けられるようになります。これを心理学では実行機能とか抑制機能と呼び、一般知能の主要な機能の一つと考えられています。

こうした一般知能の、いわば「頭の回転の速さ」に加えて、具体的なコンテンツを取り入れる/引き出すことも重要です。ここに関わってくるのが、新奇性追求や経験への開放性といったパーソナリティ、つまりは新しいもの好き、知的好奇心ということです。

前頭前野と頭頂葉がうまく同調して働き、適切なタイミングで適切なコンテンツに注意を向けられる、そして知的好奇心を持って知識を取り入れられる――。これが、脳科学の解明しつつある「頭のよさ」の正体ということになるのでしょう。

Q

兄はスポーツも勉強もできるのに、弟の自分ときたら……。

A きょうだいであっても、遺伝的素質は他人と同じくらい違います。

↓きょうだいが違うのは当たり前

「××ちゃんはお父さんに似て、勉強も運動もできるのにね」

父や母と自分は全然似ていない、きょうだいと能力が全然違う。弟や妹ばかりかわいがられて、自分はかわいがられなかった……。出来のいいきょうだいと比較されて子ども時代は辛かった、そんな記憶を持っている方もいることでしょう。

しかし、親と子ども、あるいはきょうだいどうしが似ないのは、別に珍しいことでも何でもありません。

先に親から子へ遺伝子が伝達する仕組みを説明しました。その例では、わずか5対の遺伝子しか関わっていない形質であるにもかかわらず、子どもの表現型バリエーションの幅はとても広くなるのでしたね。1つの家庭でも表現型のバリエーションは広く、親の表現型から子どもの表現型を正確に予測することはできません。

それでも、と思われる方もいるでしょう。「家族なんだから、子どもは親に似るものでしょう？」と言いたくなるかもしれません。

これに関しては理論的に「それほどでもありません」と言えます。例えば身長の遺伝率は80パーセント、その集団のばらつきを示す標準偏差は7になり、遺伝によるばらつきは6・26です。ここで両親から半分ずつの遺伝子を受け継いだ子どもの身長が、遺伝的にどのくらいばらつくかというと、5・42です。ほとんど同じになるのです。

つまり、同じ両親から生まれる子どもであっても、他人とほぼ同程度にバリエーションがあるということ。

さらに相加的遺伝の様式に従う形質については、子どもの形質は、両親のだいたい中間くらいのスコアから平均に寄った（平均への回帰）ものになる確率が高くなると先に述べました。しかし、それでも表現型のバリエーションは一般集団とさして変わりません。どんな子どもが生まれるかなんて、ほとんど予測はできないと言っても過言ではないのです。

一昔前であれば、子どものいる人ならこのことを感覚的に理解していたと思います。昔は、きょうだいの数が多かったので、10人も子どもがいれば、勉強やスポーツの能力にしてもパーソナリティにしてもてんでバラバラだとわかったはずです。

しかし、少子化の進んだ日本では、子どもがいてもせいぜい1人か2人。少ない子どもにリソースを集中させる分、親としてもその子どもの能力が気になってしまいます。また、子どもの側からしても比較対象が少ないわけですから、出来のいいきょうだいと自分の能力を比べて落ち込んだりしてしまいます。

遺伝的素質という観点からすれば、きょうだいも他人と同じくらいに違うと言っても過言ではありません。ある形質について、他人と比べて一喜一憂しても仕方ないのと同じくらいに、きょうだいと比べても仕方ないのです。

きょうだいが何かの形質について自分より優れているからといって、同じ素質が「血のつながっている」自分にあるとは限らないし、頑張れば何とかなるとは限りません。だからといって、悲観的になる必要もまたないわけです。あなたの好きや得意は、きょうだいとは違うというだけの話ですから。

Q 親ガチャに外れたら、負け組決定ですか？

A 親による子育てや家庭の収入も、みなさんが思っているほど影響は大きくありません。

↓使う人ごとに意味の異なる「親ガチャ」

日本においても経済格差が広がっていることが影響しているのか、「親ガチャ」という言葉をよく聞くようになってきました。人によって親ガチャはいろんな意味で使われているように思います。

1つ目は、極めて深刻な状況にある家庭を指しているケース。父親はいつも家にいなくて、たまにいる時は飲んだくれて家族に暴力を振るったりする。母親は子どもの食事を用意することもなく、ネグレクトしている……。こんな家庭に生まれて嘆くしかないという、「呪われた親ガチャ」です。無差別大量殺人のような最近の不幸な事件の背後には、しばしばこうした事情があることが報道され、心を痛めます。

2つ目は、これまでの人生が自分の責任ではなかったと知った時に出る言葉としての親ガチャ。それほど豊かでない家庭に生まれて苦労はしたけれど、何とか頑張って人並みに暮らせるようになった……。そういう人に話を聞くと、親ガチャというのはむしろこれまでの苦しみを解消してくれる言葉だというのです。運は悪かったけど、それは自分のせいじゃなかった、「救いの親ガチャ」ですね。

3つ目は、冗談交じりに使われる親ガチャ。もっと親がお金持ちだったらなあとか、あるいはもっと親が美人だったらなあ、なんてちょっとした笑い話にできるレベルの話。「なんちゃって親ガチャ」です。

人によって意味や深刻度は違いますから一概には言えませんが、行動遺伝学の知見から親ガチャはどう解釈すればよいでしょうか。手がかりになる研究をいくつか紹介したいと思います。

↓子育ての影響はどの程度あるのか

子どもに対する教育がどう将来に影響するのかを調べた研究としては、ジェームズ・ヘックマンがアメリカのミシガン州のペリー幼稚園で行った就学前研究があります。実験が行われたのはかなり荒れた貧困地域で犯罪者も多い、そんな環境です。

実験では、低所得層でＩＱが70〜85の教育上困難を抱える、3〜4歳のアフリカ系アメリカ人123名を2つのグループに分けました。片方のグループには質の高い就学前教育を施し、もう片方の対照グループと比較したのです。

就学前教育はかなり徹底した内容であり、被験者の幼児は2年間毎日幼稚園に通って専門家によるレッスンを受けます。週1回は教師の家庭訪問、月1回は親に対するグループミーティングも行われました。そして2年間の就学前教育が終了した後、被験者が40歳になるまで追跡調査を行い、対照グループとの比較をしました。

意外なことに、就学前教育を受けたグループのＩＱや学力は一時的に上昇したものの、8歳時点では対照グループと差がなくなったのです。ただし、就学前教育にまったく効果がなかったわけではありません。成人してからの収入や、犯罪率、生活保護を受ける割合などに関して、被験者グループは対照グループよりも良好な結果になりました。とはいうものの、就学前教育の効果量は3歳児までに行った場合で3〜4パーセント程度、子どもがそれよりも大きくなってから行った場合はさらに効果量は減少しました。就学前研究はこれ以外にも行われており、同様の結果が出ています（これは家庭での混沌度を測るCHAOSの説明力と同程度です。そしてこの就学前教育が力を入れていたのは、まさに「きちんとした環境」つまりCHAOSが測っているような環境面なのです）。

就学前教育で身につけた能力がその後の人生に与える影響は、劇的に大きなものではないとはいえ、それなりの効果量を与えるのだということを実験的に示したということで、この研究は教育界に大きな影響を与え続けています。それがいまはやりの「非認知能力」と呼ばれているものです。

子どもがかなり劣悪な環境にいる場合、徹底的な就学前教育を行うことで――学力や知能向上にはつながらないけれど――生活スタイルを改善することはできそうだと言えるでしょう。

↓子どもの忍耐力は、家庭の経済状況の影響か？

子どもが幼少期に見せる行動は、その後の人生とどう関係しているのか。こうした研究で最も有名なものとして、マシュマロテストが挙げられます。

4歳児に対して「15分間マシュマロを食べるのを我慢したらもう1つもらえる」と告げ

て、1人だけ部屋に残し、その様子をカメラで観察するという実験です。子どもが30代になるまで追跡したところ、マシュマロを我慢できた子どもは社会的に成功している割合が高かったという結果になりました。

心理学者のウォルター・ミシェルが最初の実験を行った後、さまざまな研究者が同様の実験を行っています。結果については、家庭のSES（社会経済状況）が影響している、つまりもともと豊かな家庭の子どもは成功しやすく、貧しい家庭の子どもは成功しにくいというだけではないかという反論もありました。要するに、親ガチャではないのかということですね。

行動遺伝学的に、マシュマロテストはどう解釈されるのでしょうか。

マシュマロテストと同種の実験としては、コロラド大学ボールダー校の三宅晶教授が行ったワーキングメモリ研究があります。ワーキングメモリというのは、作業などに必要な情報を一時的に記憶して利用する能力のことで、一般知能とも強く関わっています。ワーキングメモリにはいくつかの機能があり、そのうちの一つが、先ほど一般知能の本質として紹介した実行機能、つまり衝動的に出てしまう行動を抑制して適切な行動を取るようにする抑制機能です。

実験は2、3歳の双生児200組を対象に行われ、被験者はマシュマロテストに似た課題に取り組みました。その後、被験者が17歳になった時に実行機能の追跡調査が行われました。その結果わかったのは、2、3歳頃の結果と、17歳時点の抑制機能には0・5という強い相関があるということ、それのみならず17歳の時のワーキングメモリへの遺伝の影響は、誤差成分を統計的に除外すると、ほぼ100パーセントだったということです。

子どもの頃にマシュマロを我慢できるかどうかが大きくなって影響をもたらしているのは、SESよりも遺伝の影響が大きいということですね。

↓どんな人生を送るかは、家庭よりも遺伝の影響が大きい

もう1つ、ダニエル・ベルスキーらが2016年に発表した、教育達成度の研究も紹介しておきましょう。

実験対象となったのは、3歳児の時点でニュージーランドのダニーデンに住んでいた約1000人（おもに白人）。出生時から38歳までの経済状況と、ポリジェニックスコアの関係が調べられました。

ポリジェニックスコアというのは、前の質問でも出てきましたね。GWAS（ゲノムワ

イド関連解析）によって、教育達成度に関係する遺伝子変異が見つかっており、そこから算出したポリジェニックスコアを利用しています。

結果はどうだったでしょうか。

まず、教育達成度ポリジェニックスコアが高い人はSESの高い家庭で育つ傾向があり、ポリジェニックスコアが低い人はSESの低い家庭で育つ傾向があったということ。身も蓋もない味気ない結果ではありますが、これはまず事実ではあります。

興味深いのはここからです。SESが低い家庭で育った人でも、ポリジェニックスコアが高かった人（そういう人も中にはちゃんといるのです）は早期に言語能力を獲得して、上昇志向も強い。さらに、ポリジェニックスコアが高いほど、もともとのSESによらず、経済的に豊かになる傾向がありました。

↓親ガチャをどう考えればいいか

これらの研究結果から、親ガチャをどう考えればよいでしょうか。

まず、貧困状態や虐待などの問題がある家庭に関して、行政などの介入が必要なのは当然です。特に日本の場合、ひとり親家庭の相対的貧困率が50パーセントを超えており、状況は深刻です。また研究結果から、できるだけ子どもが小さいうちに介入するべきです。

では、このような貧困状態にはない家庭の場合はどうでしょうか。

「うちは中の下だなあ」と感じている人たちからすると、富裕層はさまざまなチャンスに恵まれているように思えてしまうかもしれません。家がお金持ちなら、いい学校に通って、子どももリッチになれるのに……。

しかし、行動遺伝学の観点からすれば、中の下くらいの家庭とそれよりも経済的に恵まれている家庭を比べても、集団として見れば大した差はありません。ポリジェニックスコアの高い子どもがSESの高い家庭に育つのは、家庭環境の影響もさることながら、親のもともとの遺伝の影響が大きいのです。

しかし、仮にSESが低い家庭に生まれても、本人に遺伝的な素質があれば成功するチャンスは十分にあるということも言えます。

ならば、遺伝的な素質がなかったらどうすればよいのか。

そろそろ、遺伝の恐ろしい側面が見えてきました。この問題について、この後の章で考えることにしましょう。

第2章

学歴社会をどう攻略する?

Q 少々無理してでも、偏差値の高い中学校に行った方がよいですか？

A 双生児法による研究では、異なる偏差値の学校に通った場合でも、成人になってからの収入にほとんど差はありませんでした。

↓ 学校の差は、どの程度子どもの将来に影響するか

中学受験が過熱しています。特に首都圏でこの傾向は著しく、2022年入試の受験率は私立中学と国立中学を合わせて17・3パーセント。公立中高一貫校の受験者を含めると受験率は21・2パーセント、東京都だけに限れば受験率は30・8パーセントにも達しているそうです。

少子化によって大学全入時代になったと言われますが、逆によい大学、よい会社に入らないと「よい人生」が送れない、負け組になってしまう……。そういう親の危機感はいっそう高まっているといえるのかもしれません。

また、日本は公教育への投資が諸外国と比べても圧倒的に低く（2017年の初等教育から高等教育に対する公的支出総額の比率は、経済協力開発機構（OECD）平均の10・8パーセントに対し、日本は7・8パーセントです）、公教育への不信につながっている可能性もあります。

子どもを持つ親が感じる不安はわかります。では「よい学校」に入る／入らないによって人生はどの程度変わってくるのでしょうか。

2002年に発表されたデイル&クルーガーの研究では、エリート大学に受かったが行かなかった人と実際に入学した人を比較したところ、将来的な賃金は変わらないという結果が出ています。なお、貧困家庭出身者の場合には、大学の質が賃金に影響することもわかっており、これは先の質問で述べたこととも符合します。

こうした先行研究を踏まえ、双生児法を用いて日本における学校の質と賃金の関係を調べたのが、教育経済学者の中室牧子氏です。その結果は、教育年数の差は賃金に一定の差を生みますが、どの大学に行くかは将来の賃金に影響しない。特に一卵性双生児のきょうだいが、一方は偏差値の高い高校、他方がそうでない高校に行き、大学も偏差値の違う大学に行ったとしても、その差はその後の賃金には影響していないことがわかりました。

進学する高校や大学が将来に大きく影響すると思っていた人にとっては、かなり衝撃的な結果ではないでしょうか。**学校の教育によって将来が変わってくるのではなく、もともとの能力が学校を選ばせている**というのですから。

受験当日に体調が悪くて、普段できていた問題が全然解けなかった……。少なくとも、そういうトラブルで狙っていた学校に入れず、不本意にも低いランクの学校に甘んじなければならなかったとしても、「人生終わった」などと悲観する必要はなさそうです。それで自暴自棄になって、人生を捨ててしまうのではなく、その後もその人なりに能力を育てて発揮し続けさえすれば。

↓学校の質は、子どもの将来に無関係か

ただ学校の質、つまり教育レベルが子どもの将来にまったく無関係とまでは、言い切れません。先述の中室氏の研究における学校の質は偏差値で表されていますが、第1章で紹介したハーデンらの研究では学校のSES（社会経済状況、ここでは生徒の家庭のSESの平均値）を見ています。ハーデンらの研究でも学歴ポリジェニックスコアの高い生徒はどんな学校でも優秀で、これは中室氏の研究と一致します。また先の質問でも述べたよう

に、ポリジェニックスコアが平均もしくは低い生徒に関して言えば、SESが高い生徒の多くいる学校だと脱落しにくいことがわかっています（それでもポリジェニックスコアが著しく低い生徒は脱落しますが）。

それでは、結局「いい学校」には行った方がいいのか、行かなくてもいいのか。

これは何をもって「いい学校」とするかによるでしょう。

人間は、自分と同じようなタイプや知能の人間と友達になろうとします。そういう人たちの集まりの中にいると居心地がいいと感じるわけですね。

もともとの学力がそんなに高くなかったとしても、試験のヤマが当たったとかで難関高校や難関大学にたまたま合格するということはありえるでしょう。しかし、あまりにも自分の能力と周りの能力がかけ離れていると、学業にもついていけず、辛い思いをすることになります。

親は子どもを欲目で、「ちょっと頑張れば、いい学校に入れるのに」と思ってしまいがちです。けれど、「ちょっと頑張る」のと「ものすごく無理をして頑張る」のでは、大きな違いがあります。

受験勉強にしても、学力が向上していくのを子ども自身が実感できてモチベーションが上がっているというのであれば問題はないでしょう。それは、子ども自身の遺伝的素質に見合っていると考えられます。

しかし、子ども自身が「もう勉強したくない」と強いストレスを感じているのであれば、勉強の内容と遺伝的素質がマッチしていない可能性があります。そういう状況で、子どもに勉強を無理強いしたところでよい結果になることはないのではないかと思います。

中学や高校を受験するというのであれば、偏差値やブランドではなく、学校環境の居心地のよさや、自分の好みに合った先生がいるか、学びたい科目や教え方があるかを判断基準にするのがよいでしょう。オープンキャンパスなどで雰囲気を味わってみる、その学校に通っている知り合いや卒業生の話を聞いてみるなど、できるだけさまざまな情報から総合的に判断しましょう。学校にはそれぞれ個性の違いがあります。それは教育方針の違いによるだけでなく、校舎のつくりや教職員や事務職員の雰囲気、図書館やグラウンドの使い心地のよさ、学校周囲の環境などさまざまな面から感じ取ることができます。「ここは居心地がよさそう」と何となく感じるのであれば、その感覚を信じてみるのも悪くないと思います。

第1章で述べたように、人間の「**内的感覚**」というのはなかなかバカにできません。遺伝的素質が環境と相互作用していることの表れでもあるからです。あなたの勘が、この学校はいいなと感じさせてくれたら、それを大事にしてほしいと思います。

教育関係者にとってはいささか不本意な話かもしれませんが、あえて申し上げます。実際のところ学校が生徒にしてあげられることなどたかが知れています。極論を言えば、偏差値が高い学校は教え方が優れているから生徒が優秀なのではなく、優秀な生徒をスクリーニングして集めているから先生も教えやすく、よりレベルの高いことまで教えることができるわけです。

学校の差が生徒の学力や知能に与える効果量が小さいことは、行動遺伝学の研究でも証明されています。それは集団のばらつきのうちのせいぜい20パーセントかそれ以下の違いしか生まず、学力の差の50パーセントは遺伝、30パーセントは家庭環境なのですから。学校の影響がまったくないとまでは言えませんが、その影響は期待するほど大きなものではないということです。

↓パーソナリティと学力

学力や知能に関連するものにはパーソナリティもあります。近年パーソナリティに関する研究分野で主流となっている「ビッグファイブ理論」では、パーソナリティを「外向性／内向性」、「神経症的傾向」、「協調性」、「堅実性」、「経験への開放性（知的好奇心）」という5つの因子で表します。このうち、**経験への開放性、つまり知的好奇心の広さに、知能との相関がある**ことがわかっています。

私が印象深かったエピソードとして、ある編集者の経験談があります。彼は公立中学出身なのですが、偏差値の高い私立高校に進学することになりました。そして、中学と高校のあまりの違いに衝撃を受けたそうです。地元の中学だと少女マンガを読むのは、それだけでみんなにバカにされる行為でしかなかったのに、進学校では勉強ができる、運動ができる生徒でも普通に少女マンガを読んでいたというのですね。日本のマンガ文化のレベルは世界も認めるところ、魅力的な作品にマンガのジャンルを問わず、出会うことができます。偏差値が高い学校の方が、文化的な許容度や自由度が高く、少女マンガへの偏見にとらわれない傾向があるのかもしれません。

だからといって、文化は偏差値が高い学校にしかない、学力が低い生徒が集まってしまった学校では、厳しい校則で生徒をしばることが必要と私は言いたいわけではありません。校則に関して言えば、茶色い地毛を無理矢理黒く染めさせたり、下着の色をチェックしたりするような校則には疑問を覚えます。仮に茶髪にしたり派手な下着を着ている生徒の素行や成績が悪い傾向があったとしても、茶髪や下着それ自体が成績の直接の原因ではないからです。これは相関関係を因果関係と思い込むよくある勘違いの賜物《たまもの》です。

ただ先にも述べたようにCHAOSの指標、つまり「落ち着いてちゃんと秩序だった生活をさせる」ことと学業成績の間には、ある程度の相関が見られます。きちんと朝起きて決まった時間に学校に来る、身の回りの片付けをするように指導する、そういう家庭は他のことについてもおしなべてきちんと秩序だった生活習慣が根付いている場合が多いのです。学校でもそのように落ち着いた秩序だった学習生活の環境を、生徒も納得できる形で作れる先生たちの連携やノウハウは確かにあって、それが血の通った指導となって機能しているところもあると考えられます。

また、文化的な許容度に関しては知能との相関があるのは確かですが、自分が好き、快適だと感じる文化が通うことになった学校になかったとしても、諦めなければならないというわけでもありません。すべてを学校に求める必要などないのです。

生徒たちの評判がよくて偏差値も手頃な学校は人気が高いですから、入りたい人全員が入れるとは限りません。みなさんの中にもあこがれの志望校に合格できず、将来が真っ暗になったと思っている方がいることでしょう。しかし、その学校に入れないことで「人生終わり」にはなりません。

総じて、日本の社会は学校教育に多くを期待し、学校も自らにすべてを抱え込みすぎる傾向があるようです。生徒の学業成績を向上させ、運動能力を向上させ、多様な文化的素養を育み、規律を身につけさせる……。

そのすべてを社会が学校に担わせるのも、また学校が自ら担おうとするのも無理があります。生徒にとっての環境とは学校だけではありません。人間が生きる社会は、世界は、学校を超えてとてつもなく広いのです。学校という環境だけが遺伝的素質と相互作用するわけではありません。

幸いにしていまの時代は、学校以外にも、インターネットやテレビなどのメディアを通じてさまざまな環境にアクセスできるようになっています。YouTubeにはかつて目にすることのできなかったさまざまな動画が無料でアップされていて、その気になれば学校が与えてくれるよりはるかに詳しく知識を得ることができます。それだけでなく学校外で教育に関心を持つ企業や行政機関が、さまざまな学習機会を作っており、その中には無料でアクセスできるものもあります。そのつもりで自治体の広報や新聞広告を見てみてください。それを手がかりにして、実際にリアルな世界とつながるきっかけを作ることも可能です。素質を伸ばすチャンスというのは、学校以外にもたくさん転がっていますから、親の心配には及びません。もし親の立場にいる人がやるべきことがあるとしたら、子どもがつながるそうしたバーチャルな環境によって、犯罪や薬物乱用や詐欺、不健全な出会い系サイトなどに結びつくような誘いに乗せられたり、「賢い」子どもが自らそれに加担するようになることなどに引きずり込まれないよう、ちゃんと見守ってあげることでしょう。

子どもがよい学校に入ることができればよい会社にも入れて……などと親が期待した通りには、往々にしてならないものです。その親心自体は、自分の遺伝子を受け継いだ子どもの生存と繁殖の確率をより高くしたいという生物学的欲求に根ざすものですから、あって当然ですが、その無償の愛の中に親の欲目が入り込みがちなのがくせものです。子ども本人の遺伝的素質にとって居心地のいい環境なら、それこそが学習の機会を高めてくれるはずです。その結果、気の合う友達も作りやすくなるし、大人になってからもいい思い出として振り返ることができるでしょう。そんな風に、少しゆとりを持っておうように構えていた方が、親にとっても子どもにとってもメリットが大きいのではないでしょうか。

Q 先生ガチャに外れて、学校生活は暗黒です。

A 先生の当たり外れの影響は、一生続くわけではないので、思ったほど大きくありません。

↓ 能力に与える先生の影響はどれくらいか

確かに、時々とんでもない先生はいますね。先生だって人間。遺伝的な個性の違いはあります。そのために特定の生徒だけをえこひいきしたり、逆に目の敵にしたり。トラブルを訴えてもきちんと取り合ってくれなかったり。授業の準備もまったくしていないどころか、基本的な知識も怪しくて授業は教科書をただ読むだけだったり……。

しかし現実にはここまでひどい先生ばかりではありません。学校にはいま挙げたような、先生をやるべきではない人間もいますが、逆にすごく教え方が上手で、生徒にも慕われる先生もいます。後者の先生に当たればラッキーではありますが、ほとんどはものすごくよいというわけでも、ものすごくひどいというわけでもない、まあ普通の先生が多いでしょう。科学的エビデンスはありませんが、すごくひどい先生1割、すごくよい先生1割、普通の先生8割といった割合ではないでしょうか。

小学校、中学校、高校と12年間学校に通い、担任が毎年替わるとするなら、12年間ずっと「すごくひどい」先生に当たり続ける確率は、0・1^{12}で何と1兆分の1です。3年に1回替わるだけでも0・1^{4}で1万分の1。ちなみに12年間ずっと普通の先生に当たり続ける確率は0・8^{12}でたったの0・07、3年に1回だとしても0・8^{4}で0・4、半分以下です。つまりどこかですごくよい先生に当たる可能性はとても高いことがわかります。少しは気が楽になったでしょうか。

普通の先生に当たった生徒は、「いい先生なら、自分の成績はもっと伸びるんじゃないか」と思うかもしれません。確かに同じことを教え方の上手な先生と下手な先生に教わった時の違いは、クラスの平均値の差となって明らかに表れます。それでは下手な先生に当たってしまったクラスは不公平だと思うのも無理はありません。

先生の当たり外れは、生徒の能力にどの程度影響するものなのでしょうか。仮に、ものすごくいい先生にずっと当たり続けたら、生徒の能力はとんでもなく高いレベルにまで到達したりするのでしょうか。

先ほど学校の差は生徒の学力に大きな影響はないという話をしました。それは先生の差についても同じです。行動遺伝学の研究でも、先生や学校といった環境が一時的に生徒の能力に影響することがわかっています。しかし、それは必ずしも大きいものではありません。一番はっきりするのは、遺伝的素質が同じ一卵性双生児が指導力の異なる先生についた時にどれぐらい成績に差が生まれるかということで、これがまさに非共有環境の影響ということになります。

しかしすでに紹介したように、学業成績への非共有環境の影響はせいぜい20パーセント程度、遺伝率の50パーセント、共有環境の30パーセントと比べると少ないのです。しかもこの非共有環境には先生の違いだけでなく、交友関係の違いやテストそのものの誤差も含みますから、もっと少ないでしょう。同時に、学校を卒業してしばらくすれば、先生や学校の影響力がなくなることもわかりました。結局、生徒自身がもともと持っていた素質の範囲内で能力は発現するということです。

ここで誤解されては困るのですが、だからといって先生がいい加減に教えてもかまわないと言っているのではありません。この結果は、そもそも学校教育が基本的にきちんと機能していることの証なのです。学校がしっかりと子どもたちの学習を支えているからこそ、どんな教え方の先生がいようと、学校の施設に差があろうと、遺伝や家庭環境の差と比べれば相対的に学校差が生まれないのです（ただし地域差はあり、これは家庭環境と同じく共有環境の中に組み込まれます）。

ということは、先生はどんな教え方をしても、それによって自分が教えたいことが子どもたちに表現できていれば、あるいはそうしようとする姿さえ子どもたちに示せていれば、それで十分なのではないかと私は考えています。先生の資質にも遺伝的な個人差があり、得意な分野、得意な指導法は人それぞれです。ですから先生自身が、自らの遺伝的素質が生み出す内的感覚に導かれながら、自分が先生として、よりよいと感じる教授スタイルを、経験と共に模索し続けています。そこに人並みの誠実ささえあれば、教え方の違いは、生徒に大した差は生み出さないでしょう。もちろん先生の教え方のうまい下手は歴然とあり、少なくとも教えた直後は生徒の成績の差となってはっきり表れます。しかし時間と共に、その差は生徒の遺伝的素質の差と家庭の学習環境の差の陰に隠れてゆきます。生徒に残るのはその先生から学んだ知識の差ではなく、いい先生だったな、嫌いな先生だったなという思い出だけです。いや、それすらほとんど忘れ去られていくでしょう。それでいいのです。とにかく学ぶ機会をきちんと与えられたということが、学校教育の最も大事なところなのです。

官僚化された学校教育界では、どの時代にもはやりの教え方が叫ばれ、栄枯盛衰を繰り返し、先生は自分の遺伝的個性を殺してでもそのはやりについていかねばならないようです。

例えばいまなら、アクティヴ・ラーニングやＧＩＧＡスクール構想で、生徒にタブレットを使わせながらみんなで話し合わせねばならないことになっています。その結果、学校の先生はますます忙しくなって、ブラック企業並みの大変さから、そのなり手すら減ってきています。これは憂慮すべき状況だと思います。アクティヴ・ラーニングもタブレットも、それを使っていい教え方ができると予測できる先生はその使い方を極めようとすればよいし、別のやり方の方が性に合っていると予測している先生は、自分なりのやりやすいやり方を求めていけばよいのではないでしょうか。

大事なのは先生自身が、自分の教えたいことを教えたいスタイルで生き生きと教え、この世界を支えている先人たちの生み出してくれたさまざまな知識の素晴らしさを、生徒たちが学習する機会を作ってあげられているかということだと思います。

もちろんその結果、先生と生徒の相性も生まれます。先生の教え方が合わない生徒、生徒の学びたいような教え方をしてくれない先生は必ずいます。それは偶然のなせる出来事、これもガチャです。行動遺伝学では遺伝と環境の交互作用という現象です。

このことを示す私が好きなお話として、『ビリギャル』があります。全然勉強せず成績もビリだった主人公が、ある先生の塾に通って勉強に目覚め、慶應義塾大学に入れたという話です。こういうことは往々にして起こりますし、行動遺伝学の研究結果とも矛盾しません。

ビリギャルの主人公は成績がビリと言いつつ進学校に通っていましたし、塾に通っていた生徒が全員難関大学に入ったというわけでもありません。塾の先生の教え方と主人公の遺伝的な素質がマッチして、いいタイミングで能力が伸びたということでしょう。私立大学の文系は受験科目数が少ないので、短期集中で攻略しやすいという面もありそうです。これが遺伝と環境の交互作用です。

それに能力の発現というのは、学校的知能に限った話ではありません。たまたま読んだ少女マンガに感動してマンガ家を目指すようになる男性もいるでしょうし、定食屋で食べた煮物に感動してシェフを目指すようになる人だっているでしょう。

前の質問にも重なる話ですが、能力の発現を学校や先生ばかりに期待するのはやめましょう。少なくとも何らかの遺伝的素質を持っている生徒が、先生ガチャのせいで能力を発現できないということは、それほど心配しなくてよいと思います。

ただし、第1章で紹介したハーデンの研究では、同じポリジェニックスコアを持った生徒でも、いったん下に落ちてしまうと這《は》い上がれなくなるというケースがありました。ハーデンの研究が対象にしていたのは数学の履修ですが、数学に限らず、学校教育では社会的に作られた「コース」が往々にして存在します。

つまり、Cという教育を受けるためには、その前段階であるBをクリアしている必要がある、Bに行くためにはそのまた前のAをクリアしている必要があるという仕組みです。本来はCをこなせる能力を持っているのに、AやBの時に先生との折り合いが悪かったせいでドロップアウトしてしまったということは大いにありえます。能力さえあれば後から何とでもなるとは限りませんから、少なくともそのコースが制度としてある限りは、学校教育をないがしろにしてよいということにはなりません。

↓生まれた時から生業に従事する人々

学校の先生についてではなく、「師匠」がもしかすると能力にかなりの影響を与えているかもしれない……。個人的な経験から私はそう感じてもいます。師匠とは、その道の本物で、生活にまで踏み込んで、その道の生き方まで含めて個人的につきっきりでみっちり教えてくれる、そんな存在です。歌舞伎のような芸能や相撲のようなスポーツなどにしばしば見られる形ですが、それ以外でも仕事をみっちり仕込んでくれる上司や先輩に、「師匠」に当たるような人がいることもあります。

私が福岡県の牡蠣《かき》小屋以外何もなさそうな、とある外れ町に滞在していた時、近くで九州でしか活動をしていないある大衆演劇の公演がありました。クラシック音楽のような〝高尚な〟芸術にしか興味がなかった私には、それまで見ようとも思わなかったジャンルでしたが、他に何の楽しみもなさそうなところで、どんなものが繰り広げられているのだろうと、まったく期待せず冷やかし程度に見に行ったのですが（われながら実にいやらしい）、一目観てびっくり。踊りのあまりの素晴らしさに、まさに魂をえぐられる衝撃を受け、涙が止まらないくらい感動しました。座長の踊りは、その細部に至るまで一分の隙もなく、どの瞬間も美の造形の流れるような連続でした。これまで下らないものと決めつけていた演歌や大衆歌謡の歌詞が歌い上げる人の心のあやを極めて高い芸術性で表現しているのです。飛び抜けた才能を感じました。さらに、まだ二十歳になるかならないかくらいの、座長の子どもたちの踊りも実に素晴らしいのです。こうした大衆演劇の劇団メンバーは毎月のように地方を転々として巡業し、子どもたちもそのたびに転校しなければならないそうです。子どもたちは文字通り赤ちゃんの時から舞台に出させられ、小さい頃から踊りや芝居を、劇団の年長者や古典芸能のお師匠さんからみっちりと仕込まれることになります。それが彼らの生き方そのものなのですね。そうして体にしみ込んだ芸が、連日のように入れ替わる踊りや芝居でも自然に生きているのです。これは学校教育ではまずありえないことです。

現代の日本においては、職業選択の自由が保障されています。子どもたちは学校に通って学び、(建前上は)自分の能力や適性に基づいて職業を選ぶことになります。逆に言えば、自分がこれからどんな職業に就き、どんな生き方をするかとは無関係に、国の定めた教育課程の中で決められたことをみな一律に学び、義務教育や学校教育が終わる時になって、自分の生き方=職業を決めさせられます。悪い言い方をすれば、庶民の教育はとても官僚的な制度の中に押し込められています。

昔は職業選択の自由など存在しませんでした。農家に生まれたらずっと農家ですし、大工ならずっと大工、侍の家に生まれたらいやでも侍にさせられました。子どもたちは幼い頃から周りの大人たちの様子を見て、仕事を、そして生き方を学んでいきます。

何も私は、学校などなくして徒弟制にしろと言っているわけではありません。どの世界も大衆芸能のようなものというわけではないでしょう。そもそも決められた職業にしか就けないというのは、辛いことも少なくないとは思います。しかし、物心つかないうちから見よう見まねで仕事をし、その仕事を中心とした生活を送るという、現代的な人間からすると、見方によっては前時代的で虐待とも言われかねない児童労働か洗脳かもしれませんが、その世界が本物の豊かさを持つのであれば、そういう環境で育つことで、誰もがその道のプロになれるだけの一人前の能力を身につけられるのではないかと思うのです。

Q 理学部に進みたいけれど、女子は理系に向いていないというのは本当？

A 自分の中に「できる」、「やりたい」という感覚があるなら、その道に進むべきです。

↓社会的偏見を取り除くと、女性の理数系科目のスコアは上がる

女性は理数系分野が苦手だとよく言われますし、理工系の学部でも女子の比率が低いことは珍しくありません。では、女性は理数系の科目に向いていないのでしょうか。

欧米などの研究において、男性と女性の科目別成績を調べた結果を見ると、確かに女性のスコアが低く出ています。しかし、どうやらそれは遺伝的な素質によるものではなく、社会的な偏見によるところが大きいようです。

同じくらいのワーキングメモリを持った生徒を対象に、理数系科目のスコアが男女でどう変わってくるかを調べた研究があります。

先の質問で知能は情報処理能力と知識から成り立っていることを説明しましたが、ワーキングメモリは情報処理能力に当たります。

こちらの研究のミソは、実験の前後で偏見を取り除くプロセスを入れたことです。女性は理数系科目が苦手なんて偏見にすぎないよと、つまりは洗脳したわけですね。そうしたところ、女子生徒の数学のスコアは男子生徒と違いがなくなりました。

また、共学校と女子校で理数系科目のスコアを比較すると、女子校の方がスコアがよいという研究結果もあります。女子校では男子生徒との恋愛沙汰に悩まされないで勉強に集中できたという見方もできますし、共学校では女子生徒が男子生徒の目を気にして、本来の能力を発揮できていないとも考えられるでしょう。

いずれにしても、理数系科目の得意不得意に関して性差を説明する生物学的メカニズムは見つかっていません。

むしろ逆に、男性の学業成績不振が世界的に広がっていることの方が大きな問題でしょう。ＯＥＣＤが発表している資料によれば、読解力について女性が男性を上回る傾向が数十年にわたり続いているのです。

↓重要なのは、自分の中にある「これが好き／得意かも」というおぼろげな感覚

理数系科目と女性と言えば、記憶に新しいのが、2018年に発覚した医学部不正入試問題です。東京医科大学、昭和大学、神戸大学、岩手医科大学、金沢医科大学、福岡大学、順天堂大学、北里大学、日本大学、聖マリアンナ大学が入試において得点調整し、女性や浪人生が不利益を被っていたことがわかりました。

受験生に説明することなくこうした得点調整を行っていたことは論外です。また、男性にゲタを履かせていたということは、能力検査で優秀な方（この場合は女性）に「逆アファーマティブ・アクション」を行っていたわけですから、教育的にも正当化しにくい行為です。

いずれにしても、女性が理数系科目に本当に向いているかどうかの問題ではなく、医療分野の偏見や職場環境の問題だと言えます。女性の中にも遺伝的に理数系に有能性を発揮している人、これから発揮しそうな人はいます。

あらゆる能力に関して言えることですが、自分が「得意」、「好き」と感じるのであれば、大なり小なりそれについての遺伝的能力が発揮されていると考えてよいでしょう。それが

無謀な思い込みで、好きなのに下手である可能性はもちろんあります。それでもこの世にゴマンとある文化領域の中で、理数系に少しでも惹かれるものがあったとすれば、それ自体が何らかの意味で遺伝的能力の表れと見なすことができます。

もちろん実際に進路を選択する際には、将来直面するかもしれない不利についても考慮しなければならないでしょうが、それはどんな職業に就いても言えることです。相撲が好きな女性がプロの力士や行司になろうとすれば、相当な困難が待ち受けていることは想像に難くありません。しかしそれに関連した仕事に就いたり、その人が新たな職域を開拓することになるかもしれません。

Q

親はネットのことも何も知らないし、はっきり言ってバカなんじゃないかと思う。

A 子どもが親に反抗するのは当たり前……だけでは片付けられない事実があります。

↓時代を経るごとに私たちは賢くなっている?

近年は反抗期が希薄化しているという研究結果も出ていますが、親と子どもが反発し合うのは特別なことではありません。すでに説明したように、遺伝は親子を似させると同時に、似させない、ばらつかせる働きもあります。特にパーソナリティについて言えば非相加的な遺伝傾向も見られますから、親と子では違っていて当然。子どもが親をバカだと言ったり、自分を理解できないと言ったりして反発するのもよくあることです。

これに関係するちょっと興味深い研究結果があります。

それは「**フリン効果**」と呼ばれる現象です。

ニュージーランドのオタゴ大学のジェームズ・フリン教授は、1984年に発表した論文で「IQは1年あたり0・3ポイント、10年ごとに3ポイント上昇している」ことを示しました。その後もさまざまな研究者がこの現象について研究を行っており、過去100年近くにわたってIQスコアが伸び続けていることがわかっています。

「IQが伸びるなんてあるはずない！」と思う人もいるでしょう。私も最初そう思いました。

そもそも、IQというのは平均を100とした相対的な値ですからね。そのスコアが伸びていくのはおかしいと誰でも感じるはずです。

実は、IQを算出する知能テストにはある仕掛けが施されています。知能テストは時々更新されるのですが、すべての問題を入れ替えるのではなく、前の版と共通する問題も入っているのですね。そういう問題を手がかりとして統計処理を行うと、新しいテストのスコアが古いテストの何点に相当するかがわかるのです。

フリンの主張が正しいとすれば、今の知能テストを受けてIQが100だと判定された人が、30年前の知能テストを受けたらIQが110くらいになる。IQのスコアで10も違うと別人のように見えます。いくらなんでも、そこまでの違いがあるはずがないと私も思いました。

しかし、関連文献を調べていくうち、フリン効果は現実に起こっていると認めざるをえなくなりました。

なぜこんなことが起こるのでしょう。人間はこの1世紀で進化し続けているのでしょうか？

↓フリン効果はなぜ起こるのか

生物進化の観点からすると、1世紀やそこらで遺伝子がそこまで世界的に変異するとは考えられません。これはやはり環境が変化していると考えるのが自然です。

例えば、重力を考えてみます。地球上のたいていの場所で、重力は1G（ジー）、約9・81m／s^2です。何らかのSF的現象で、この重力が毎年少しずつ増えていったとしましょう。

重力が強くなっていくことで、私たちは毎日ちょっとしたウェイトトレーニングを強制的にさせられているような状態になります。元から筋肉ムキムキの人も、そうでない人も、少しずつは鍛えられていくわけです（もちろん、あまりにも重力が強くなりすぎると、人間の肉体は耐えられなくなるでしょうけど）。

何十年かしてこの重力異常が突然収まり、1Gに戻りました。そうなった時、おそらくほとんどの人は、「なんて体が軽いんだ！」と思うでしょう。最初から１Gで暮らしていた人に比べて、走るのも速いでしょうし、重いモノも軽々と持ち上げられます。そんなに筋力がない人であっても、１Gでずっと暮らしていた人に比べれば、ずいぶん力持ちになったと思うでしょう。

知能に関しても、同じことが起こっているのだと思います。ＩＱスコアの中でも顕著に伸びていたのは、抽象的推論に関するもの。これは、自分で実際に経験していない問題の解決能力を測っています。

１００年前の人になったつもりでいまの世の中を見渡してみると、驚くようなことばかりです。

普通の現代人が日常的に行っているようなことも、１００年前ならごく一部の知識層だけの行為でした。

仕事をする際に作業手順書やマニュアルを読むのはいまなら当たり前ですが、こうした文書をきちんと読んで、そこに書かれていることを理解できた人は１００年前にはどれほどいたでしょうか。私たちは、毎日のように大量の情報を取り入れ、抽象的な思考を行いながら日々を送っています。

膨大な量のニュースを読み、本やマンガ、映画などのコンテンツを楽しみ、スマホを使ってSNSでコミュニケーションを取る。職場ではパソコンを使って事務作業を行い、隙間時間にこっそり家電の値段を比較して注文したり……。

当たり前のように行っている行動でも、信じられないほどの抽象的推論が必要とされています。

先に、重力異常の世界と筋力の例え話をしましたが、抽象的推論能力の場合とは大きく違う点があります。

重力異常は、地球で暮らす全員に対してだいたい同じように影響しました（それでも筋力がすごく弱かった人には大きなダメージになったことでしょうし、素晴らしい筋肉の持ち主は抜きん出て筋力が増したでしょうけど）。

一方、社会が情報化したことによる影響は、人によってまったく異なってきます。抽象的推論能力の遺伝的素質がそれほど高くない人でも、義務教育で読み書きを習うことで、生きるための最低限のスキルを身につけることはできるでしょう。

しかし、抽象的推論能力が遺伝的に高い人はそれだけに留まりません。昔だと調べ物をするにしても書店や図書館で資料を探したり、実際に適切な人を見つけて直接会ったりする必要がありました。知識を収集するにも、時間的・物理的に大きな制約が課されていたのです。いまはスマホやパソコンで、簡単に情報を集めることができますから、昔の知識人に比べても圧倒的に有利になっています。

地球温暖化の問題から最新の科学技術、経済状況、さらにはマンガの話題やものすごくニッチな世界のうんちくまで、大量の情報を取り入れ、SNSでさまざまな人の意見を取り入れ、それらを脳の中で縦横無尽につなげ合わせて複雑な抽象的推論を進めることができます。

アイザック・ニュートンは先人の知見に基づいて、新しい何かを発見することを「巨人の肩に乗る」と表現しました。知的能力の高い人にとって、現代は巨人の林立するユートピアのように感じられることでしょう。

↓知的能力の格差は拡大する

体重や身長、運動能力に知能、その他もろもろの能力について集団レベルで調べ、能力の分布をグラフ化すると概ねベルカーブ、正規分布を描くものです。

ものすごく貧富の格差がある社会で、一部の金持ちしか読み書きを習えないというので

正規分布

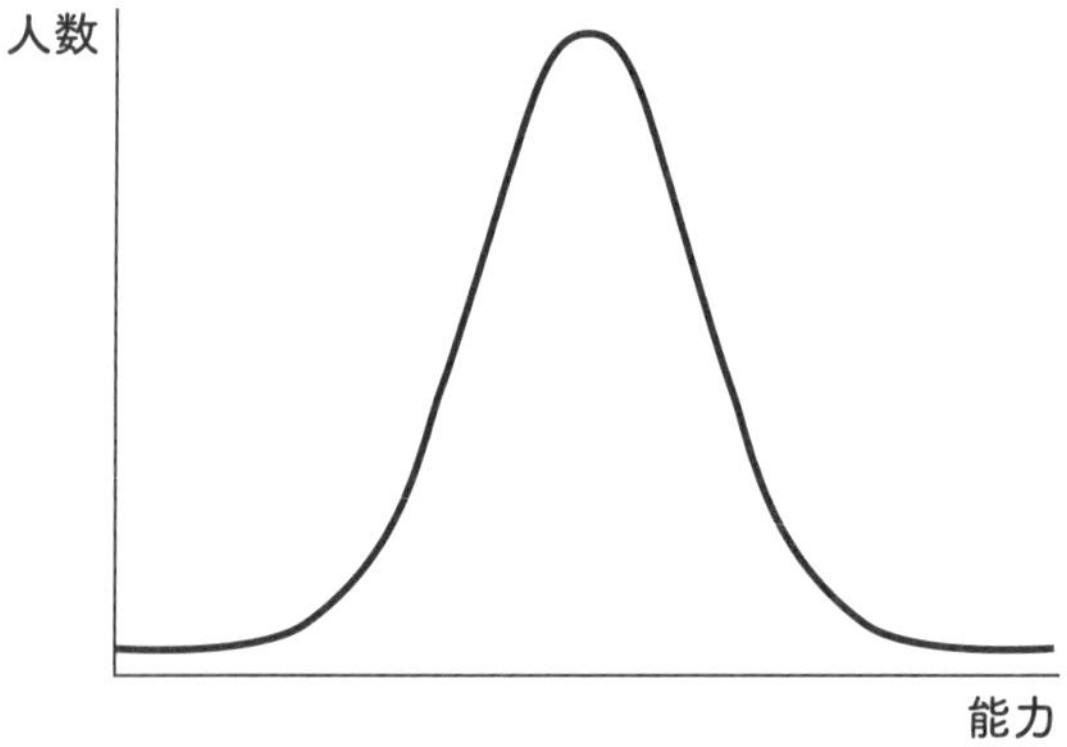

あれば、読解力のグラフはきれいな正規分布にはならず、多くの人は知識を持たないところに集まり、一部の人に知識が集中する偏った分布になるでしょう。この場合、読解力は資産の影響を受けることになります。日本では奈良時代から中世までの社会では、貴族や武士の階級しか原則としてそうした教養に触れる機会すらありませんでした。

では、資産の多寡に関係なく、誰もが学校で読み書きを習うようになったら現代の読解力のグラフはどうなるでしょうか。その場合は、グラフはきれいな正規分布を描くでしょう。

つまり、**環境側の圧力が低下すればする**

ほど、遺伝的な能力の差がストレートに出てくるようになるということです。

教育は、全員の能力を平等に底上げするのではありません。（その教育内容に関して）遺伝的素質の低い人の能力もある程度は向上しますが、遺伝的素質の高い人はさらに大きく伸びることになります。正規分布のグラフは、横方向に水平移動するのではなく、水平方向に引き延ばされた形になるのでしょう。

フリン効果でも、おそらく同じことが起こっていると考えられます。現代社会において起こっているさまざまな問題の背後には、知的能力格差の拡大があるかもしれないのです。知識社会の重力はますます増大し、知的能力の高い人間はその能力をさらに高め、そうでない人間は重力に押しつぶされてしまう……。

これは非常に厄介な問題です。誰もが十分な教育を受けられるようになり、好きなだけ情報を得られるようになればなるほど、能力の格差はよりいっそう拡大していくことになるわけですから。

この問題については、第４章でさらに考えることにしましょう。

Q 勉強を頑張れる粘り強さも生まれつきの才能じゃないんですか？

A 何かに集中できる、それは能力ではなく、結果です。

↓集中力とは何か

勉強に限らず、何らかのスキルを身につけるためには、「集中力」が必要だとよく言われます。子育て本には、「集中力を高めるトレーニング」なんてものもよくありますね。

行動遺伝学の知見として、どんな能力やパーソナリティであっても遺伝が40〜60パーセントだと述べてきました。そうであるならば、何かに集中できる集中力もやはり遺伝的な素質によるところが大きいのでしょうか。

そもそも集中力とは何なのでしょうか。

パーソナリティの研究を見ると、確かに「固執」や「熱狂」といったパーソナリティ特性が見出されます。

最近ではアンジェラ・ダックワースの「GRIT、やりぬく力」が注目されましたね。いわゆる非認知能力です。これは何かに取り組む際に、それをやり続けられるかすぐに諦めるか、冷めた気持ちで行うか熱狂的な気持ちで行うかの違いを表していますが、物事全般に対する集中力とはちょっと違います。

ならば集中力とは何か。一般知能に関しては前頭前野と頭頂葉の同調という中央実行系の生物学的メカニズムが存在します。それはやるべき課題を邪魔する刺激が来た時、それに惑わされない能力、いわゆる抑制機能が含まれますが、集中力を司るメカニズムは、どうもそれだけではなさそうです。

集中力というのは独立した能力ではなく、行動の結果だと私は考えています。

何らかの問題解決を行う際、他のことを意識からシャットアウトして、特定の情報処理だけにアテンションを向けている。そして、その状態を長く持続できている時、それを集中力と呼んでいるわけです。

この状態では、予測脳が活発に働いていると考えられます。

例えば、子どもが粘土をこね上げて、人とか動物とか乗り物とか、空想上の何かを作ろうとしているとしましょう。

一心不乱に粘土を丸めたり伸ばしたりくっつけたりしている時、子どもの脳内では膨大な予測処理が行われています。脳の中にできた仮想空間のイメージにできるだけ近づけようと、ここにこの形のかたまりをくっつけるとうまく行くんじゃないか、いやこれはダメだった、ではこちらに違う形のをつけてみよう。あ、そしたら次にこうしてみたくなった。じゃ、やってみよう——。

パフォーマンス自体は稚拙だったとしても、特定の課題に関して予測脳が働いて「こうすればできそう」という試行錯誤を次から次へと繰り返せるのであれば、結果的に集中していると言えます。つまり「集中力」という一般的な能力があるのではなく、特定の課題に対して、それをわき目もふらず持続的に取り組み続けざるをえなくなっている時、俗に「集中力を発揮している」と言うのだと思います。

↓得意でないことをどうするか

自分が興味を持てる、もっとこうしたい、こうなりたいと感じることについてであれば、人間は自ずとそれ以外のことを考えないで、それに関わり続けることができるものです。達成感と有能感、つまり「得意」という感覚を持って、自ずと浮かんでしまう課題に取り組み続けます。これが「集中している」状態、フローともいいます。

逆に、どうやっても集中できないというのであれば、そこに予測が働かず、結果として自分の脳の働きやすい状態とはかなり離れた課題の認識がなされている可能性があるということです。

「そうは言っても、とりあえず目の前にある、課題をこなさないといけないんです！」という学生や社会人の悲鳴も聞こえてきそうですね。

確かに実際問題として、得意じゃないから何もやらないで済ませられるというものでもないでしょう。突き放すようですが、得意じゃない、やる気になれないなら、やらないようにするに越したことはありません。

しかしそれでもやらねばならなければどうするか。

これはエビデンスがあるわけではありませんが、理論的に思いつくことは、苦手であること、やる気の出ないことを素直に受け入れた上で、心が壊れない程度に、ちょっとだけそれに取り組むことを生活のルーチンの中に入れることから始めるのがいいのではないでしょうか。朝起きたら10分間、そのことに取り組む。それを1週間、1ヶ月、1年と続けると、さすがに少しはできるようになります。

この時、第1章の能力についての質問で出てきた「能力は階層構造を持っている」という話を思い出してください。人間の能力は、「数学」、「音楽」といったカテゴリーだけでなく、無数の小さな得意がぼんやりとした階層やネットワーク構造でつながって作られています。いままでやる気になれず脳の中に育っていなかったような新しい知識の使い方がちょっとでもなされるようになると、それがこれまで自分が好きでつい没頭してしまっていたことと、どこかでつながることがありえます。すると苦手だった課題の見え方、捉え方が変わってきます。そうなればしめたもの。

自分の得意と苦手な課題がそんなに都合よく合致することは、そうそうないかもしれません。しかし、自分の好きや得意に関して、普段から自覚的になっておくことは、一見すると別分野での得意につながってくることもあるでしょう。

Q 学校生活にどうしても馴染めない。部活もまったく楽しくない。親からは、そんなことでは社会に出てもやっていけないと言われる。

A 学校は、「オーセンティック」な環境ではありません。

↓学校は本当の社会ではない

学校生活に馴染めない人、けっこういますよね。

実は私も中学生の頃、そうでした。とにかく部活動が苦手だったのです。部活動は必須でしたからとりあえずバスケットボール部に入ったものの、まったく才能がありません。40人いた部員の中で、私は間違いなく40番目だったでしょう。結局、中学の3年間、一度も試合に出させてもらえませんでした。だからといって、怠けていたわけではありません。朝は部員の誰よりも早く体育館に行って練習をして、家では自主練もしていました。3年間必死にやってもドリブルは一向にうまくならないし、シュートしても入らない。いま振り返っても、中学の部活で得たポジティヴな経験はほとんどないように思います。

大学時代の合唱部にもあまりいい思い出はないですね。私はピアノを少し弾けましたから、合唱部で練習用ピアニストとして何とか居場所を作ることはできましたが、歌がダメ。基本となるベルカント唱法をどうしても身につけることができず、部員のみんなとも話が合いませんでした。本格的に音楽に取り組める環境が他になかったため合唱部は続けましたが、とにかく自分には合わない環境でした。

「この環境には馴染めないなあ」ということは誰しもあると思いますが、私の場合は幸い他にも居場所があったので（それがいまにつながる研究の真似事をすること、難しい本を無理して読んで考えごとをしたりすることでした）、孤独ではありましたが、心理的に追い詰められるというところまでは行きませんでした。

あまりにも自分と合わない環境だと感じたら、別の居場所を持つようにする。それは空想の世界でも、思索の世界でもかまいません。その先に何か豊かな世界が予感できるのであればいいのです。当たり前のことなのですが、多くの人は学校が合わなくてもなかなか逃げ出すことができません。親や先生からは「学校は社会の縮図なんだから、そんなことでは社会に出てもやっていけないぞ」と追い討ちをかけられたりもします。しかしその社会は実は学校なんかよりはるかに広く、学校の中に縮約なんかできるものではないのです。

一つ私が言えるのは、学校はオーセンティックではない、つまり本物の社会ではないということです。

本物の社会とはどのようなものでしょうか。話をシンプルにするために、小さな漁村を考えてみましょう。魚を捕ってくる漁師の他にも、運搬や市場での取引、水産物の加工、販売に携わっているたくさんの人たちがいます。そうした人たちを顧客とした飲食店やその他の商売も行われているでしょう。代々その土地に住んでいる人もいれば、別の土地から移り住んでくる人たちもいます。

そういう人たちの間で、商売が行われたり、ご近所付き合いが行われたり、恋愛・結婚をすることもある。本物の社会では自然発生的な役割があり、生きていく上でのリアルな課題が生じます。漁獲高が平年より減ったがどうするか、船が壊れて修理しなければならないが金策はどうするか、漁師だった父親はもう年だから引退するがその面倒は誰が見る、土産物屋がうまく行っているから2号店を出そうか……。

一方、学校はどうでしょうか。

学校というのは、教育者が学習者に学習を意図的・計画的・組織的に行わせるために人為的に作られた環境です。公立の小中学校であればたまたまその地域に住んでいた同じ年代の子どもたちが集められ、共通のカリキュラムを与えられます。クラスでの役割や部活動もそのほとんどは自然発生的なものではなく、学校側が人工的に用意したものです。いろいろな委員会や係にしても、リアルな問題を解決するためのものではありませんし、1年過ぎたら自動的に人員も入れ替わります。それでもそれが本物の社会の縮図だという幻想を、教師も生徒も共犯関係になって持つことで成り立っている擬似社会です。

こうした人工的な環境での適応度を見て、本物の社会でやっていけるかどうかがわかるというのは無理があるとは思いませんか。

↓学校教育はどうあるべきか

学校教育を改善しようと、最近、教育分野ではアクティヴ・ラーニングが注目されるようになっています。グループディスカッションやグループワークを通じて、自分たちで課題解決する力を身につけようというものですが、はたしてこれもオーセンティックな活動と言えるのでしょうか。

本物の社会での課題は、個々人にとって切実でリアルなものです。解決しないと大きなダメージを負ってしまうというものもあるでしょうし、どうしてもやりたくてうずうずしてしまうということだってあるでしょう。

もちろん、学校で行われている活動がすべて人工的で偽物だと言うつもりはありません。先生によっては、生徒のリアルな課題を引き出して、そこにフォーカスできる工夫をして、素晴らしい成果をあげている場合もあります。

もしかすると、その地域のリアルな課題を調べて、知事に政策提言するようなことまで行っているところだってあるかもしれません。行動遺伝学的に見れば、そういうことをする遺伝的素質を持った先生なら、それが可能だと思います。何にしても、教授法の多様性が増すことは悪いことではありません。それによって、これまでうまく行かず悶々《もんもん》としていた先生と生徒に、新たな出会いを生む可能性が増えるのですから。

しかし教授法に万能はないというのは、教育心理学の鉄則です。いずれにしても基本的には、それもあくまで学校という人工的な環境における、人工的な課題空間の中での出来事なのです。

ただ困ったことは、国民のみんながこの人工的な学習空間を必ず通過し、そうしなければ社会に出られないという制度が出来上がってしまったために、学校自体が社会の中でのリアルなものになっているという錯覚に陥っていることです。それが学歴社会です。高い学歴を持つことがその人個人の有能さのシグナルとされ、社会の中で有利になり、差別が正当化されやすくなっています。社会を作り上げている知識をみんなで共有し、人々の遺伝的な違いが社会に必要なさまざまな役割においてそれぞれに発揮できるように学習する機会を作る道具として作られたはずの学校が、格差を顕在化させ拡大させる働きをするようになってしまいました。**遺伝的な差があることを前提とすると差別になるとして無視しようとした結果、逆に差別が正当化されることになった**とは皮肉なことです。

しかしここでこれ以上、学校制度を批判するのはやめておきましょう。ナイフが人を傷つけるからといって、それをナイフのせいにするのは筋違いです。批判すべきは道具そのものなのではなく、道具の使い方なのですから。その道具を使いこなせる人は上手に使う。使いこなせない人は、別の道具を探せばよいのです。

Q 勉強のできる子と付き合うようにしないと、子どもがダメになっちゃうんじゃないかと心配です。

A 誰と友達になるかにも、遺伝の影響があります。

↓交友関係における遺伝と環境の要因

人間の能力、個人差は、だいたい50パーセントが遺伝、50パーセントが環境の影響を受けているということでしたね。では、交友関係という環境を変えることで、子どもの能力、例えば学力や知能に影響を与えることはできるでしょうか。

家庭外の交友関係であっても、そこには必ず遺伝的な要因と環境的な要因が関わっており、両者を完全に分けることはできません。

双生児法では一卵性双生児と二卵性双生児の行動を比較して遺伝率を調べるわけですが、能動的に友達を選べる状況の場合、一卵性双生児の方が自分と似た子どもを友達として選ぶ傾向が強くなります。だいたい自分と同じような形質を持った人間同士でグループを作ろうとするわけですね。基本的に人間は、同じ程度の知能の人間との付き合いを好みます。

ですから交友関係について遺伝と環境の影響を調べると、そこには遺伝率が算出されることになります。

遺伝率と言うと遺伝子配列の違いによる影響のことだと思われるかもしれませんが、遺伝的な素質によって環境を選択し、能力がその環境の影響を受けるのであれば、それも遺伝率の中に組み込まれて算出されます。同じ環境を与えているつもりであっても、個体はそれぞれの遺伝的素質に応じた選択を行っているのです。

もちろん、交友関係において子どもが強いストレスを感じている状況であれば、親や先生による介入は必要でしょう。問題行動の多い人間の支配下にある、いじめを受けているということであれば、そうした人間と接触させないようにする、別のグループに入れるといった処置を取るべきでしょうし、それによって状況が改善するケースも多々あります。

しかし、子どもを特定のグループに入れた場合でも、そこでどのような人間と友達になるのかについては、やはり自身の遺伝的素質の影響を受けるのです。

Q これから大事なのは、勉強ができるかどうかじゃなくて、コミュ力なんじゃないですか？

A コミュ力は鍛えるものではなく、状況に応じて使い分ける単なるスキルです。

↓認知能力と非認知能力

「学校の成績なんかより、これから重要なのはコミュニケーション能力だ」ということがよく言われるようになってきました。

コミュニケーション能力とはどのようなものか正確な定義があるわけではないでしょうが、たいていの人が思い浮かべるのは愛想のよさだったり、共感性だったりするでしょう。変なことを言う相手にもカリカリしないで対応できる自制心なども入ってくるかもしれません。

「コミュニケーション能力のような、単なる頭のよさとは違う、社会に適応的に生きてゆくための個人の特性」を非認知能力として、重要視する風潮もあります。知能や学力のような認知能力に対して、生きる上では非認知能力の方がずっと大事なんだというわけです。

　これに対して、私は認知能力と非認知能力を分けることに意味はないと考えています。非認知能力と呼ばれるものとしては、誠実性、やりぬく力（GRIT）、自己制御、好奇心、楽観性、時間的展望、情動知能、感情調整、共感性、自尊感情、セルフ・コンパッション（自分への思いやり）、マインドフルネス、レジリエンスなど、さまざまな心理学的概念が挙げられています。これはもともと先に紹介したペリー幼稚園研究のヘックマンが言いだした言葉で、心理学の学術的な用語ではなく、伝統的な心理学で言われてきた認知能力（＝知能や学力）「ではないもの」としてしかイメージされていないあいまいなもの。言葉尻をとらえるようですが、これらはいずれも自分で認知しコントロールできる機能なのですから、いくら「非」認知能力と言っても、認知能力の一種にすぎません。

　知能のような認知能力は遺伝の影響が強いが、非認知能力は遺伝よりも環境で決まり、ちゃんと育てれば変わるというのも、行動遺伝学では否定されています。**やりぬく力の遺伝率は37パーセントと普通のパーソナリティの遺伝率と同程度で、共有環境の影響はなく、学力との相関もごくわずかで、その相関を生んでいるのは遺伝でした。**８４０組の双生児を対象に非認知能力を向上させる訓練をさせましたが、心構えだけはその気になったものの、本当にやりぬく力が向上したわけではなく、その心構えの変化すら非共有環境の影響で説明され、それに対する遺伝率はむしろ増加したそうです。

認知能力といわゆる非認知能力の違いは、遺伝の有無ではなく、共有環境の有無です。知能や学力のように知識や技能として学習できるものなら、それが与えられる共有環境、つまり家庭環境によってある程度左右されますが、非認知能力として挙げられるものには共有環境の影響はなく、遺伝と非共有環境だけで説明されます。要するに学習性のある能力ではない、そもそも能力ではなくパーソナリティの一種なのです。

↓学習性のある「能力」と「非能力」

ですから私は学習性のある「能力」に対して、学習性のない特性として「非能力」という区別を導入することにしました。

ここで言う能力は、知識や技能の裏付けがあるもののことです。これに対して、非能力は知識を増やしたり技能として訓練したりするなどの方法で変化させることはできません。

外向性／内向性、楽観的／悲観的、協調性、新奇性追求といったパーソナリティは非能力ですし、自己統制力なども非能力です。

知能や学業成績などに関しては、共有環境の影響が入ってきます。知識を増やす、練習をするといった環境があれば、こうした能力をある程度向上させることもできます。しかし、パーソナリティや自己統制力については、遺伝と非共有環境だけで共有環境の影響がありません。お勉強して学べるようなものではなく、状況に応じてその表し方を変えながら適応しているにすぎないということですね。

こうした形質の遺伝率も30～50パーセント程度ですから、どんな風に発現するのか固定されているわけではありません。けれど、非能力がどう発現するのかは非共有環境次第、要するに偶然の要素が強いのです。コミュニケーション能力の大半が外向性や協調性や共感性といったパーソナリティ的なものであるならば、それは非能力です。状況によってある程度「変わる」ことはあっても、意図的に訓練でコミュニケーション力の高い人間に「変える」ことはできない、コミュニケーション能力の高い人が訓練でそうなったわけではないのです。

ただし相手の言っていることを理解することもコミュニケーション能力に含まれるのであれば、そうした能力は学習によって向上させることもできるでしょう。コミュニケーションしようとする相手の状況を知らなければ適切なコミュニケーションができないとすれば、相手の状況について知ることはコミュニケーション力を高めることにつながります。

ならば、パーソナリティとしてのコミュニケーション能力が低い人はどうすればよいのでしょう。

どうしてもコミュニケーションを取らなければならないシチュエーションのために、条件付けを行うというのは一つの方策になるかもしれません。外向的に振る舞ったり、愛想よくしたりした方がよい状況に出くわしたら、その時だけ自分のできる範囲で頑張って愛想よく振る舞う。その時は口角をちょっと上げてにっこりするとか、少し声のトーンを上げて明るい雰囲気をかもし出す練習をしておくわけです。もともと非認知能力は認知能力なのですから、この程度なら意識的・認知的にコントロールしてできるでしょう。本質的に外向性や協調性を上げることは困難ですが、上がったかのように「演技する」ことは不可能ではありません。

行動遺伝学者は、「アンチ環境絶対論者」です。つまり環境さえ変えれば人間なんて都合よくいかようにでも変わるとは考えません。

自分が意識している／していないにかかわらず、人間の遺伝的素質は常に発現されています。環境によってどう発現するかの変動はありますが、根本のセットポイントは基本的には変わりません。特に、非能力であるパーソナリティを変えようとするのは、苦労の割りには報われない行為と言えるでしょう。

「お前にはコミュニケーション能力が足らない！」などと言われて、強いストレスを感じるのであれば、口角を上げる等の練習をしてまずはやり過ごせるようにすること。そして、そういうことを求められない場所を探すことにリソースを割くべきだと思います。

第3章

才能を育てることはできるか?

Q 子どもの時にはできるだけたくさん習いごとをさせた方がよいのでしょうか？

A たくさん習いごとをさせれば、それだけ素質を発見するチャンスが高まるというものではありません。

↓習いごとは、擬似的な環境にすぎない

ヴァイオリンやピアノなどの楽器、英語や中国語といった外国語に、体操教室、プログラミング、科学教室に図工教室……。世の中には子どもたちを対象にした習いごとが無数にあり、「××を伸ばすには、小さい頃から！」、「これからの時代は、○○が必要！」という宣伝文句で親を煽ります。

「これからの時代は英語はやっぱり必要だろうし、ITスキルがあれば年収の高い仕事に就けると言うし、だけど芸術的な素養も人生を豊かにするのに必要な気がするし、それに体が丈夫でないとダメだから何かスポーツもやらせないと。ああ、お金がいくらあっても

足りない！」

そんな風に悩んでいる人は多いのではないかと思います。子どものうちにいろんな経験を積ませれば、才能を発現するチャンスも増えるんじゃないだろうか。お金持ちの子どもほど、人生は有利なんじゃないだろうか。

習いごとに関して親が大いに悩むのは、おそらくこのあたりでしょう。

それでは、たくさん習いごとをさせればさせるほど、何らかの才能が発現するチャンスは増えるものなのでしょうか。

第1章の「才能のある人の3条件」として、「特定の領域に対してフィットしていること」、「学習曲線が急上昇のカーブを描くこと」、「学習ができる十分な環境が与えられていること」を挙げました。

確かに、子どもの能力が「特定の領域に対してフィットしている」という稀な幸運はありえますが、そのためにいくつもの習いごとをさせて適性を見るというのは分のよい方法だとは思えません。なぜならいわゆる才能を発揮している人が、子どもの頃にたくさんの習いごとをする中で、その才能の素質に出会ったというエビデンスはないからです。むしろ遺伝的な能力は、どんな状況でも自らそれを育てる環境を選び取っていくようです。動物行動学でノーベル賞を取ったニコラース・ティンバーゲンが言っていたと思いますが、動物行動学を志してしまう人は、たとえ大都会に生まれ育ったとしても、子どもの頃からコンクリートの谷間に生えている雑草にやってくる昆虫に自ずと関心を持ってしまうのだそうです。

いや、ノーベル賞を取るような天才的な才能の発見のことを言っているのではない。将棋の盤面を一目見て名人が唸るような一手をバンと打つとか、一度聞いただけの曲を正確に再現するとか、そういった天才のエピソードではなく、凡人のちょっとした才能をどう見つけるかの話をしているんだ。

そのためには、下手な鉄砲も数打ちゃ当たるで、いろんなことを習わせないと見つからないんじゃないか。そう思われるかもしれませんね。

もちろん後で述べるように、習いごとには、学校教育と違い、オーセンティックなもの、世界に存在する本物の文化環境に至る道程の入り口に立たせてくれるものがしばしばあります。そういう意味で、大事な教育機会だとは思います。学校の音楽の授業ではプロの音楽家は育ちませんが、町のピアノ教室が世界的ピアニストになる最初のきっかけを作ってくれたり、近所の体操教室の指導者が実は元トップクラスの選手で、その世界へのあこがれを子どもに抱かせてくれたり、といったことはままあるものです。習いごとの中身が芸能・芸術やスポーツ、語学など、私たちの文化の中に本物としてあり、指導者もプロ、アマ問わずその領域に対する造詣がある人ならば、オーセンティックな教育環境となりえると思われます。

ただ他方で、受験テクニック強化のために作られたようないろんなメソッド系の塾や教室での活動は、それ自体が平準化された教育プログラムに適応するためのもので、その文化的な由来がオーセンティックではないものも少なくありません。どうせやるなら、その先に文化的に豊かな本物に触れることのできる習いごとを選んであげたいものです。

しかし覚えておいてほしいのは、基本的に人間、いや生物が遺伝的に持っている能力というものは、いきなりピアノだとか水泳だとか、そろばんだとか、そんな大きな単位で発現するものとは限らないということです。

はじめは鍵盤からいろんな音が鳴るのが面白いとか、プールの水が自分の体を支えてふわっと浮かせてくれる感じが気持ちよいとか、そんな些細なポジティヴ経験から始まり、時間をかけて徐々にピアノの能力、水泳の能力へと育っていくのです。そしてそのような経験をする機会は、高い月謝を払わなければ受けられない習いごとの教室でなくとも、幼稚園にあるピアノや海水浴でも得られます。

そして子ども時代の膨大な時間は、著しく貧困だったり虐待を受けたり、ヤングケアラーでいつも病んだ親の介護をしなければならないような家庭でなければ（そこが問題なのですが）、それらをある程度の豊かさで経験できる機会を与えてくれます。さらに言えば、人はある程度の貧しさや逆境の中でなければ、本当に必要なことには気づかないということがあります。逆境にいる人も、すぐに手に入らなくとも、いつか手に入れようという夢だけは大切に持っておきましょう。それが人の脳が持つ予測器としての働きの表れかもしれないからです。

いきなり巨大なホームセンターに行っても、欲しいものはかえって見つけにくいもの。むしろコンビニもないような村に、たった一つしかない小さなよろずやの棚の中に、案外何か欲しいものが見つかりやすいのです。それに手ごたえがあったら、徐々にもっとよいものを探しに、街のホームセンターへ行けばいいでしょう。

↓原始的な社会における能力の発現

能力は些細で具体的な事柄に対して特異的に発現する、というより、生物は身の回りにある環境を自分の遺伝的素質に応じて切り取っていると言った方が近いのかもしれません。

かつてホモ・サピエンスが狩猟採集民だった頃の自然環境をちょっと想像してみましょう。サバンナや熱帯雨林など、ホモ・サピエンスを取り巻いていた自然は、真っ暗な夜空いっぱいに輝く天体、変化に富んだ地形や天候、そこに息づくたくさんの動植物などで、とても多様性に富んでいたはずです。動き回ることが好きな子どもは、その辺に落ちていた枝を拾って振り回したり、大好きな木の実を見つけてほおばったり、川で魚捕りをしたりしていたでしょう。運動能力の高い子どもは高い木に登って蜂の巣捕りに挑んだり、好奇心旺盛な子どもは仲間の誰も行ったことのない森の奥まで探検しに行ったかもしれません。

さらに、狩猟採集民の生活では、大人たちの仕事も可視化されていました。大人たちが残された足跡からどんな獣がいるのかを推測して狩りを指揮したり、蔓を採ってきてかごを編んだりする姿を、子どもも日常的に見ることができました。

そんな中では、将来大人になったら自分の持っている素質をどう生かせばよいのかが、具体的でわかりやすかったとも言えますね。

原始的な社会に比べると、現代社会の環境はずいぶんと抽象的なモノやコトで構成されています。例えば、都市にはさまざまな建築物やインフラ、制度が存在していますが、それがどんな意味を持っているのか、どう関わっていけばよいのかを、前提知識や教育なしに理解することは難しいでしょう。親からしてみれば、撮影スタッフなしに毎日『はじめてのおつかい』を子どもにさせるようなもので、子どもにとっては相当にキツいことではありますね。

現代において社会から評価される能力を発現するには、まずある程度抽象的な事柄を理解できる高度な知的能力が必要になってくるという矛盾があります。そういう知識を本当の意味で学ぼうとすると、よほど興味があって自分から進んで学ばない限り、学校教育で提供される学習機会だけでは初等、中等教育段階で学ぶのは無理でしょうし、高等教育段階でも相当困難なことではないかと思います。

経済がどう回っているかとか、どうやって国の意思決定が行われているかとか、上下水道がどんな仕組みになっているかとか、「そんなことは20歳になる前に、全部理解した！」なんていう人はおそらくほとんどいないでしょう。ざっと本で読んで知識としては知ったつもりでいても、そうした知識が自身の持つ素質と相互作用し、能力として発現するかどうかとは別問題です。

↓社会状況によらず、私たちの周囲には多様な環境が存在する

何も私は、「人間が能力を発現するには、自然に帰らないとダメだ」と主張しているわけではありません（そうしたいという人を否定しているわけでもありませんが）。平準化され官僚化された教育制度の中で、高度に抽象化された知識を子どもに与えても、それに関連した能力が都合よく発現するわけではないということです。

大自然が与えるリアルな環境刺激に比べて、非常に抽象化された知識や決まり（科学法則や法律や慣習）で出来上がっている現代社会において、それらをうまく活用できる高度な能力が、教育を受けるだけでストレートに獲得できると期待するのは無理があります。

一方で現代社会でも、個人の遺伝的素質は身の回りの些細で具体的な事柄に対して発現します。するとそれに自分で気づき、それにこだわって自らの力で育て上げる頭が必要になります。

柔らかいクッションと硬い壁面の違い、室内の色彩や意匠、人の話し声に、モノが立てる音。さらには、テレビやスマホや街の広告モニターから流れてくる映像や音楽、注意書きや書籍に記載されている文字やイラスト、家事や筆記のための道具、家の外には公園や

商店があり、自転車や自動車が行き来している……。

私たちの身の回りには実に多様な環境が存在しており、それらは意識せずとも各人が持つ素質と相互作用を行い、無意識のうちに統計的な確率計算を行って、自分なりの世界に関する内的モデルを作っています。

山奥のぽつんと一軒家で、完全に自給自足して外の世界と接触がなく、テレビもない、訪れる人もほとんどいないというような孤立環境でない限り、少なくとも日本にいれば、たいていの人はある程度多様性のある文化的な環境にいると考えてよいと思います。特に最近は、スマホからYouTubeなどのコンテンツにも簡単にアクセスできます。

しかし、と言いたくなるかもしれません。家が裕福であれば、もっといろいろな体験を子どもにさせられるから、才能が発現するチャンスが増えるのではないかと。

これに対して行動遺伝学が言えるのは、SES（社会経済状況）の能力に対する影響は、一般的に思われているのとはちょっと違うということです。

確かに家庭のSESは、オールマイティに能力や健康に一定の効果を与えます。学力や知能に共有環境の影響がある大きな要因の一つは、家庭の豊かさであることは間違いありません。

しかしすでに述べた通りそれは遺伝の50パーセントに対して30パーセント程度、芸術やスポーツ、数学などの才能についても、共有環境の影響率はまったくないか、あってもごくわずかです。たくさん習いごとをさせるほど学業成績がよくなったり、何かの才能が発現する確率が高まったりという研究結果は出ていません。

親ガチャの質問でも述べましたが、大金持ちの家と中流家庭とでは環境の多様性に大した差はなく、どういう能力を発現するかは遺伝的素質によるところが大きいのです。

ただし極端な貧困や虐待のある家庭の場合は事情が異なります。だからこそ貧困と格差対策の政策が重要なのです。

↓入口は違っても、奥はつながっている

脳の発達においては、後部帯状回から頭頂にかけて存在する、おもに身体的な感覚を司るネットワークがまず発達し、その後、前頭前野を中心とした認知機能を司るネットワークが発達してきます。そして自己に関するネットワークがそれらの情報を統合しながら成長します。

こうした脳の発達過程から推測するに、子どもの能力というものは「自分が経験したた

くさんの選択肢の記憶を意識的に比較して、その中からどれかを意図的に選ぶ」という形で発現するのではなさそうです。

そうではなくて、「ある程度以上の多様性を備えた環境が存在していて、そこに一定時間以上自由にアクセスできるなら、何らかの能力が何らかの形で自然と発現する」ものなのではないでしょうか。

「ある程度以上の多様性を備えた環境」とか「一定時間以上」とか「何らかの形で」とか、あいまいな表現になってしまいますが、こうした条件は日本の「中の下」以上の家庭であれば、そして子どもの能力の発現に目を曇らせてしまうような偏りのある「教育方針」（何が何でも御三家に入れる、医者を継がせる、バレリーナにさせるなど）で子どもをしばりつけていなければ、おそらく満たしているだろうと私は考えています。

この仮説が正しいとすれば、どの習いごと、どの入口から入るかというのはそれほど大した問題ではないでしょう。

さらに文化というものは、入口は違っているように見えても、中ではけっこうつながっているものです。最初、能力は身体的な感覚から発現するにしても、そのうち社会的な関係性など、抽象的な領域に進んでいくことになります。

例えばサッカーボールを蹴ることだけに夢中だった子どもが、戦術的なプレイの面白さに目覚めることもあるでしょう。一流の選手になれなくとも、それがやがて用具の開発や、人にプレイの仕方を教えること、あるいは営業やマーケティングに自分の適性を見出すことだってあるかもしれません。一見かけ離れたところに落ち着いたように見えるかもしれませんが、かつてサッカーに夢中になった経験から得た知識がその中で必ず生かされているはずです。

↓大事なのは、「本物」に触れること

習いごとに関しては親がそれほど神経質になる必要はなく、子どもがやりたいと言ったら通わせてあげる、通うところやお金がなければ、休日にちょっと時間を作って自分で相手をしてあげるくらいで、たいがいはよいと思います。子ども自身があまり乗り気でないものを無理に習わせてもお金と時間の無駄です。

子どもが興味を持って自分でやっていたこと、あるいは何となく始めた習いごとが遺伝的な素質とマッチしたのであれば、「もっとうまくなりたい」、「高度なテクニックや知識を学びたい」、「同じ興味を持っている人たちと仲間になりたい」という欲求がいずれ湧い

てくるはずです。本格的にお金をかけるのは、そうした才能の片鱗が現れてからでも十分ではないでしょうか。

習いごとに貴賤はなく、そもそも子ども自身が興味を持たないと意味がありませんが、何らかの形で「本物」に触れる機会があることは、能力の発現にポジティヴな影響がありそうです。

習いごとは、しばしば本物の環境そのものではなく、平準化された教育プログラムに子どもを押し込めがちだと最初に述べました。しかし矛盾するように聞こえるかもしれませんが、その習いごとが本物につながっていることもあります。

伝統的な習いごとや裾野の広いスポーツ、文化活動は、習いごとのための単なるプログラムでなく、その先に本物の社会があります。サッカーであれば、プレイでお金を稼ぐプロ選手やコーチがいて、試合をプロモートする人たちがいて、関連する仕事をしている人たちがいて、草の根でサッカーを楽しんでいる人たちがいます。バレエやピアノにしても、プロ／アマの演奏者から、指導する人たち、コンサートや音楽配信を手がけている人たちもいます。

素質を最大限に活用して、その世界で生きている人たちがいる。子どもたちがその姿を見る、実際にその世界の一端に触れるということは、単なる教育用プログラム以上の意味があります。

現代社会の仕事は狩猟採集民の仕事のようにわかりやすくありませんが、習いごとを通じて、人々がどんな役割を担っているのか、どう課題に対応しているのかをリアルに見ることができます。

逆に、記憶力や自制心のトレーニングプログラムのような習いごともありますが、こうしたものはだいたいが本物の社会につながっておらず、能力の発現という観点からしてもあまり意味がないように思います。

Q

やっぱり田舎にいるより、都会に出た方が何者かになれるチャンスは増えるんじゃないですか？

A いまいる環境を苦痛に感じていて、よりよい場所が別にあるというイメージを持てるのならばひとまず可能な範囲で動きましょう。

↓自分の居場所を探すには

SNSでも「田舎か都会か」といった論争が周期的に繰り返されています。しかし田舎と一口に言っても過疎地域なのか地方都市なのかで大きく違いますし、当然のことながらどちらがよいと単純に決着をつけられるものではありません。

とはいえ、ここであえて行動遺伝学的な視点から、移動について考えてみることにしましょう。

まず重要なのは、いまどこに住んでいるのかということより、現在の環境をあなたがどのように意味付け、どう感じているのかということです。

いまいる環境は、あなたにとって耐えがたいほど苦痛でしょうか。だとしたら、それは何がそうさせていますか。

例えば、文化的な刺激の少なさ。ファッションやアート、建築にものすごく興味があるのに、周りには好奇心を満たしてくれるものがない。「ちょっと見てみたいなあ」くらいの軽いあこがれの気持ちではなく、「自分が本当にしたい○○はここにはない！」、あるいは「この環境の××は自分をダメにしてしまう」というくらい切迫した気持ちなのか。

でも本当にそれくらい切迫した気持ちがすでにあるのなら、わざわざこの本を読まなくても、もう自分で動いてますよね。むしろなんとなくこのままここにいて一生を過ごすことによって後悔しないか、もっと自分らしい他の人生があるんじゃないかという、もやもやと漠然とした不全感が、「田舎より都会」という焦りを生んでいるのではないでしょうか。

問題はそのもやもや感の強さです。

そのもやもや感のまま、それでも田舎のどこかにそれなりの居場所があって、わざわざ重い腰を上げる気にならないのなら、それはそこがあなたの居場所と割り切って、そこで充実した生活を築き上げていくのがよいのではないかと思います。しかし、もしそのもやもや感の奥に、まだ実現されていない内的感覚の声が聞こえたら、それを追求すべき時が到来したのかもしれません。

いまいる場所とは違うところに行って、いまとは違う刺激に接することを想像してみてください。不安の中にも心が沸き立つ感覚があるでしょうか。解放感が不安を上回るでしょうか。

そんなのわかんないって？

昔から「かわいい子には旅をさせよ」と言いました。つい甘やかしがちなかわいい子に世間の厳しさを身をもって教えるためにこう言われてきたというのが定説です。しかしこのことわざの現代的意味は、リアルな自己発見です。自己発見のためにひたすら自己分析するというのも一つの方法ですが、いろんなところに行って、実際に見てくる、そこに生きている人の生き様を自分の目で見る、それが現代的な「旅」の意味ではないでしょうか。

これは未知なものについて新たな情報を得るということではありますが、インターネットやメディアによるヴァーチャルな活字・画像・音声情報に留まらず、実際の規模感・空気感を味わうところに意味があると思います。そこから、いまいるところとは違う場所に行った時の「居場所感」の手がかりを得ることができるでしょう。

ですからここで言う「旅」とは一種の比喩です。学生であれば、進学や就職でいまよりも都会に近い場所へ出ることを検討している時に、まずそこに足を運んでみる。これも「旅」です。すでに働いている人だと、いきなり別の場所で働き口を探すのは難易度が高いですから、年に何回か都会に出かけてみるようにするといったところでしょうか。

いまいるところにもやもや感を持ち、なおかつどこに行ってみたいという積極的なイメージを持っていない人にも、そんな「旅」はお勧めです。環境はもともとランダムな効果だと申し上げました。ランダムにいまと違うところに行くと、偶然、自分の内的感覚にマッチした何かに出会ったり、いまいるところが存外よいところであったことを確認するきっかけ（これを「青い鳥効果」と私は呼んでいます）になるかもしれません。

居場所を変えてみることで、いままで見つけられなかった自分の遺伝的素質に出会えるかもしれません。

↓居場所があると感じられること

いまの環境に苦痛を感じていて、なおかつ別の環境にポジティヴなイメージを持てるというのは、あなたの「予測脳」が働いているという見方もできます。

逆に、いまいる環境があなたにとってそれなりに快適であり、自分の居場所があると感じられるのであれば、「田舎vs都会」論争など真に受けることはないでしょう。

人間の能力は、遺伝と環境の相互作用によって発現する――。ここまでさんざん述べてきたことではありますが、誰にとっても同じように作用する環境などというものはありません。身の回りに存在する環境を、あなたが生まれながらに持っている遺伝的な素質によって切り取って相互作用するのです。

能力は、都会の賑やかさの中だけで発現するものではありません。都会に出たことで、運命の出会いがあり、それをきっかけに「何者」かになっていく……。環境と遺伝的素質の偶然の組み合わせによって、そうしたストーリーが生まれることは確かにあります。しかし、逆のストーリーもあるわけで、そこはまさに遺伝と環境の組み合わせ、「ガチャ」としかいいようがありません。

神経症傾向が強い人や新奇性追求の低い人は、あまりにも刺激の多い環境だとストレスを感じすぎたり、チャンスに気づけなくなることも十分にあります。いきなり巨大ホームセンターに行くようなものです。都会に住み心地の悪さを感じる人はけっこういます。いまいる場所が快適で、居場所があると感じるのであれば、そこであなたの能力はすでに発現しているとも考えられます。

現在は、田舎にいようがどこにいようが、スマホやパソコンを通じて世界にアクセスできるようになりました。特にSNSにおいては、よりインパクトのある行動を取っている個人が「何者」かとして認識されるようになっています。しかし、「何者」かになった人というのは、別にグローバルの成功者とは限りません。派手な成功者がピックアップされて目につきやすいというだけの話です。SNSの中のヴァーチャルな世界でも、結局重要なのはそこに登場する人のリアリティ、そしてあなた自身のリアリティです。あなたを取り巻く環境はヴァーチャルに変更できますが、あなたのリアリティは取り替えの利かないあなた自身の遺伝子に由来します。

自分の居場所があると感じられるのであれば、遺伝的素質が十分に発現した「何者」かになっていると言えるのではないでしょうか。

Q 子どもがずっとゲームばかりして、部屋も片付けない。好きなことだけやっていて、まともな人間になれるのでしょうか？

A 子どもが幼いうちに、片付けなどの習慣をつけさせることは、無駄ではありません。

↓ 子どもの知能に効果がある要因

好きなことに没頭している、それ自体は子ども自身の遺伝的素質が発現している兆しとも言えます。没頭なしに何かの能力が発現することはありませんし、親から見てどんなバカバカしいことであれ、子ども自身はそこに何かを見出していることが往々にしてありますので、あまり気にしても仕方がなく、ただ見守ってあげるしかないことではあります。

第1章でも、共有環境が個人差に与える影響は一般的に思われているよりも小さいということを述べました。児童期の学力や知能に関しては10～30パーセント程度共有環境の影響があるものの、パーソナリティや精神疾患・発達障害に関しても、ほとんどは遺伝と非共有環境で説明できてしまいます。

ただ、物質依存、つまりアルコール依存症や喫煙習慣等に関しては、かなり共有環境の影響が見られます。それはそうでしょう。自分の家や住んでいるところの近くに酒やタバコが実際にあるから、それに手を出せてしまうのです。子どもをヘビースモーカーやアルコール依存症にしたくないというのであれば、家庭内で過度な喫煙、飲酒は慎むのがよさそうとは言えます。

では、児童期の学力や知能に影響がある共有環境の具体的な中身、どんな子育てをすると、子どもの知能を高めることができるのかについては、正確なところはわかりません。これは研究されていないのではなく、数ある要因一つ一つの効果量が小さいため、「○○をしたら、決定的に知能を高める効果がある」と言えるほどのものがないということです。例えば、「朝食をきちんと食べさせる」という習慣が影響があるという研究結果をわれわれは出したことがありますが、その効果量はせいぜい1パーセント程度でした。

しかしこれまでの研究で、**子どもの知能や学力に効果がありそうな要因を2つ挙げることができます。それは「静かで落ち着いた雰囲気の中で、きちんとした生活をさせること」と「本の読み聞かせをすること」です。**

「静かで落ち着いた雰囲気の中で、きちんとした生活をさせる」程度は、先に紹介した「CHAOS」という尺度で測ることができ、学業成績を5〜7パーセント説明します。先ほどの「朝食をきちんと食べさせる」も、おそらくこの「きちんとした生活をする」の中の一つの表れと見なすことができるでしょう。

確かにプロフェッショナルとして活躍している人を見ると、何らかの生活の秩序を自分の中に持っているように見えます。作家やマンガ家のようなクリエイターにしても、インスピレーションに従って思うがままに仕事をしているというわけではないようです。長期にわたって活躍している人ほど、毎日のノルマを守るようにする傾向が見られます。部屋の中がそれこそカオスなクリエイターも、パソコンのデスクトップは驚くほど整然としていて、データはきちんと管理されていたりもしますから。

もう1つは子どもの頃に「本の読み聞かせ」をしているかどうか。これも共有環境として5パーセントほどの説明力があることを示した研究があります。

Q 年収が高い家庭ほど、勉強だけじゃなくてスポーツもできるって本当ですか？

A ありえる話ではありますが、統計から出てくる結果は多要因の微弱な効果が足し合わされたもの。個人レベルの結果は予測不能です。

↓ 環境の影響は「いま、ここ、これ」

確かに親の経済力や社会的地位はオールマイティに子どもの生活と学力に影響を与えています。それは説明率にして10パーセント。これまでの「読み聞かせ」やCHAOSと比べても、その影響力は顕著です。

家庭のSES（社会経済状況）と学力の関係を調査した研究としては、国立大学法人お茶の水女子大学の「平成25年度 全国学力・学習状況調査（きめ細かい調査）の結果を活用した学力に影響を与える要因分析に関する調査研究」があります。

この研究では「分析では、教科や問題の違いを問わず、小学校・中学校の両方でSES

が高い保護者の子どもほど学力テストの正答率が高い傾向が認められた」、「小学校と中学校を比べると、前者のほうが他の変数を統制した後もＳＥＳスコアの影響力が強く認められた。子どもの年齢が相対的に低いほうが、保護者の社会経済的な背景の影響が強いことを予想させる結果である」となっており、確かにＳＥＳが高いほど学力がよいという傾向が出ています。

お茶の水女子大学の研究は学力を対象にしたものですが、体力に注目した記事もありました。教育社会学者の舞田敏彦氏による「なぜ、富裕層の子は下町の子より運動能力が高いのか？」では、「東京都児童・生徒体力・運動能力、生活・運動習慣等調査」という東京都が実施している体力テストの結果と、都内23区の住民平均年収との関係を調べています。小４男子の体力成績と平均世帯年収でグラフを描くと、右上には中央区、港区、千代田区、左下には足立区、荒川区が来て、相関係数は０・75とのこと。平均世帯年収が高い区ほど、子どもの体力も高そうだということですね。

学業だけでなく体力に関しても、ものを言うのは年収なのかと暗澹《あんたん》たる気持ちになる人もいるでしょう。

では、こうした結果を行動遺伝学的にはどう考えればよいか。

経済的にゆとりがある方が、学業についてもスポーツについても学習環境の量・質とも相対的によくなる確率は高くなりますから、この結果は十分にありえることです。だからこそ経済格差の解消は政治的な課題として政策的にてこ入れをする必要があります。

しかし経済格差が解消されれば学力やスポーツ能力の格差が完全になくなるわけではありません。何しろ学業や知能だけでなくスポーツについても遺伝の影響を無視することはできないからです。知能の場合、遺伝50パーセント、共有環境20パーセント、非共有環境が30パーセント。スポーツは種目によって違いはありますが、握力だと約80パーセントが遺伝、上体起こしやシャトルランでだいたい遺伝30パーセント、共有環境30〜50パーセント、非共有環境が20〜30パーセント程度の効果量だということが報告されています。

とはいえ遺伝の影響が見られないものもあり、50メートル走や立ち幅跳び、ボール投げでは共有環境が70〜80パーセントあります。このように知能に比べてスポーツの方が遺伝的な影響が若干少なく、逆に共有環境の影響が大きくなっています。これはみんながおしなべてできるようにしよう、させようと一生懸命になりがちな主要教科の勉強に比べて、スポーツに関しては、ある程度苦手でもかまわないと考える親がいたり、逆に親自身がスポーツ好きで、家庭に運動習慣があるといった家庭間の違いが、勉強や知能以上に大きいことが影響しているのでしょう。データはありませんが、これは音楽など芸術・芸能に関しても同様な傾向があると思われます。

学業もスポーツもそれなりに共有環境の影響はありますが、第2章の先生ガチャについての回答で述べたように、いい学校、いい先生の影響は永続的なものではありません。学校を卒業したり先生から離れたりすれば、その影響は薄れていきます。環境の影響は、基本的に「いま、ここ、これ」についてだという教訓を思い出してください。

↓素質がないことをやるのは無意味か

それならば、最終的に結局は遺伝ですべて決まるのかと言うと、そうとも言えないのが厄介なところです。

学業もスポーツも、能力が一番上の人と一番下の人を比べれば差は歴然、遺伝的な素質の違いが見えます。それこそ圧倒的な才能がある人であれば、どんな学校に通おうが、どんな先生に習おうが、その道を究めていくでしょう。けれど、中間的な能力の人たちについては、能力と遺伝や世帯年収の関係について調べると緩い相関はあっても、それほどはっきりしたことが言えるわけではありません。10点満点で10の素質がある人なら勝手にプロになるし、4点以下ならそもそもその道に進もうとはしない。ならば、7点くらいのちょっとできる人はどうか。放っておくと、5点か6点くらいになってしまうのだけど、お金をかけてよい先生についたら8点になって、かろうじてプロの世界に入れるかもしれない。こういうことは、社会で現実に起こっていることではあるでしょう。

個人の能力は微弱な多要因の組み合わせで決まり、多くの場合は個々の要因は相加的、つまり足し算的に効いてきます。

乱暴な言い方をすれば、同じ素質を持っている人なら、お金をかけた方が高い能力が出る可能性は高いということ。素質がなくてもお金をかければ能力は伸びるけれど、元から素質のある人には敵わない。それでもあこがれの世界の頂上を間近に見ることができる、ひょっとしたらスポットライトが当たるかもしれないということでもあります。パフォーマンスが永続的ではないというのも先に述べた通りです。

当然のことながら、予測できない運、不運は存在します。もともと素質としては野球に向いている子がサッカーをすごく好きになって熱心にやっているうち、サッカーの素質はあるのにそれほど熱心でない子を抜いたりすることもあるでしょう。そういうさまざまな要因が能力には影響してくるわけですが、そうした個人の運まで予測することはできません。統計的には、遺伝的素質があって、お金をかけた方がよいパフォーマンスが出る確率が高くなるとしか言えないのです。

仮に、何らかのスポーツに向いた遺伝的素質を持った人がいたとしましょう。おそらくその人は内的感覚として素質を自覚するところまでは行くでしょうが、他者からその素質を認知・評価される場が与えられるところまで行くかどうかはやはり運次第です。オリンピックなどがあると、それを機に、運任せにせず、若手の才能を伸ばすためにスポーツ教育振興が活発になることがあります。門戸が広がり、より多くの子どもたちが、いろんなスポーツを経験しやすくすることそれ自体はけっこうなことです。しかし、そもそもそこにたどり着くかどうかが運次第、遺伝子診断をしてもわかるものではありません。

また、素質がない人が何かに挑戦することが無駄とも私は思いません。この世のあらゆる知識は何らかの形でつながっていますから、自分の中にある別の能力に気づくきっかけになるかもしれません。素質がなかったからこそ、素質がある人がどれほどすごいのかを深く理解できるようになり、その世界のよきサポーターになることも大いにありえます。

私が小学生の頃、同級生に飛び抜けて運動神経のよい男の子がいました。バスケットボールをはじめとしてどんなスポーツも得意で、女の子からも大変な人気、私はねたみもあるのでしょう、はっきり言ってその子のことがあまり好きではありませんでした。しかし、中学校に上がると、もっとスポーツの得意な生徒もたくさん入ってきて、私の同級生はその中で明らかに精彩を欠くようになり、部活でレギュラーにもなれず、没落してとても哀れに思いました。それから何十年も経ってこの同級生に再会した時、彼はその後もずっとバスケットボールを続け、高校の体育教師になっていました。顧問をしているチームを初めて県大会に出せた、と嬉しそうに彼は語っていました。その人生を垣間見て、小学生の時には抱かなかった彼への敬意が自ずと生まれました。素質を生かすというのはまさにこういうことだとしみじみ感じ入りました。

人によっては、輝いていた子どもが結局プロになれなかったことを挫折と捉えるかもしれません。しかし、素質では必ずしもトップクラスに入れなかったとしても、好きで好きでたまらないスポーツを生涯の仕事にし、そこで人を育て、成果を出すことができたというのは、やはりその素質があってこそ。そういった視点で見ると私たちの社会は、隅々まで、そんな形で素質を発揮している人たちの、ささやかだけれども確かな仕事ぶりに支えられていることに気づきます。

Q やりたいことが何もないし、得意なこともありません。いったい自分はこれからどうやって生きていけばいいでしょう？

A エベレストや富士山のように突出した才能がある人は、確率的にそれほど多くありません。むしろ自分の中にある、なだらかな起伏の存在に気づくことが重要です。

↓「何もやりたいことがない」という人の3つのタイプ

「何もやりたいことがない」、「得意なことなんて何もない」、そういう言葉を若い世代からよく聞きます。

こういう発言をする人たちには、いくつかのタイプがあるように思います。

1番目のタイプは、遺伝的素質と環境がうまくマッチしていないケース。

「やりたいことがある」という人は、自分の生活空間の中に何か「これ」というものを感じてもっと先に行ってみたくなる、知りたくなる、そういう内的感覚を持っています。しかし、不幸にして、脳の内的なモデルと環境がうまくチューニングしないということも起こります。何かしたい気持ちは強くあるのだけど、それが何なのかわからない。ここじゃないどこかに何かがある気がする……。

そういう時に前にも述べた「かわいい子（自分）には旅をさせよ」がまず役立つでしょう。それが空間的な移動なのか、同じところに留まっていままでとはまったく違うジャンルに触れるという比喩的な意味かは問いません。必ず見つかるとも限りませんが、偶然を信じて「動いて」みるしかないでしょう。

行動遺伝学など持ち出さなくても当たり前のことだと思われるかもしれませんが、こうした「何か」との出会いについても、遺伝の影響はあります。

ある一卵性双生児ペアから聞いた話なのですが、2人とも大学に入るまで「ここじゃない」、「何か違う」という鬱屈した気持ちを抱えていたそうです。ふとしたきっかけで一人がイギリスに行ったところ、アンティークショップで見つけたカメラにすっかり惚《ほ》れ込んでしまい、それでたくさんの写真を撮りました。そこに後から遊びに行った双子のきょうだいも、その写真を見て、一気に「自分のやるべきものはこれだ」と確信しました。そして2人揃って写真の道に進むことになりました。彼らによれば、「人生の焦点が合った気がする」と言うのですね。一卵性双生児ペアでこれほどまでに同じようにはまり込んだところを見ると、やはり遺伝的な素質が関わっているように思われます。

2番目のタイプは、心理学で言うセルフハンディキャッピングの状態。失敗してもプライドが傷つかないよう、予防線を張っておくわけです。やりたいことがあることはあるのだけど、他人に見せて笑われるのには耐えられない。そういう気持ちになってしまうのは、よくわかります。

今はSNSであらゆる分野のグローバルトップがすぐ目に入ってしまう時代です。歌も踊りもトークもイラストも、達人レベルのコンテンツが当たり前のように自分のタイムラインに流れてきます。ツイート一つ取ってもうまい人は実に気の利いたことを言いますから、「それに比べて自分は……」と落ち込んでしまいます。グローバルトップと比べたら、自分の能力が劣っているように思えるのは仕方ありません。

やりたいことがあるのなら、いきなりグローバルトップと比べるのはやめた方が無難でしょう。イラストを描きたい気持ちがあるなら、下手でもまず描いてみる。そしてしばらく描き続けてみる。毎日描いて、1週間前の自分、1ヶ月前の自分、1年前の自分と比べてみる。ちょっとした成功体験を重ねて、成長の実感を得る。そうやってセルフハンディキャッピングを少しずつ解除していくのがよいのではないでしょうか。そのうちにグローバルトップではなく、ローカルトップ、つまりあなたのいまいる居場所の周りにいる人たちの中で、一目置かれるようになる。ある時それが気がついたらグローバルトップだったなどということすらないわけではありません。どんな才能も、たいてい最初はそのようなローカルトップからスタートするものです。

↓まずやってみること

そして3番目、ちょっと興味をそそられるものがいくつかあることはある、だけど「これ」という感じがしない、いまいちフィットしない。能力が突出した山のようにはなっていなくて、なだらかな起伏が続いている。このタイプが一番多いかもしれません。

かく言う私自身がたぶんこのタイプでした。大学の文学部に入って、心理学や哲学、教育学に少し興味は持ったものの、「これ」という感触がなく、本気で取り組めない。いわゆるスチューデント・アパシー（学生無気力症候群）というやつで、一度精神科で薬を処方してもらったこともあるほどです。スチューデント・アパシーは思った以上に長く続き、私はもがいていました。

そんな時、目に留まったのが「スズキ・メソード」について創立者の鈴木鎮一が書いた本でした。スズキ・メソードとは、「才能は生まれつきではない」という考えに基づいた、ヴァイオリンの早期教育プログラムです。もともとピアノを弾くのが好きだったこともあって、いろんな文献を読んでいくうちに、遺伝と環境の関係を考えるようになり、大学院に進んで研究を続ける気になりました。

私が大学院に進んだ1981年は、いまよりも遺伝について大っぴらに語るのがタブーでした。教育学でも遺伝について研究している人などいません。けれどなぜか、「自分は遺伝について語れるんじゃないか」と感じていました。プラトンやアリストテレス、ルソー、カント、デューイなど、哲学的な名著をよくわからないままで読んでいても、どの本にも必ず生まれつきや遺伝に関する記述が出てくる。遺伝について研究することは、学問の王道なのではないか、そうした感覚が自分の中で育っていきました。

そんな自分自身の経験から言えるのは、「低い起伏でも登ってみよう」ということです。全然大したことのない起伏であっても、とりあえず登ってみる。登ってみると、ほんの少し違う景色が見えてくることもあります。違う景色が見えてきたのなら、もうちょっとだけ登ってみようという気も湧いてきます。

2番目のタイプについても述べたことですが、メディアの発達のおかげでいまの世の中は突出した才能ばかりが目につくようにできています。確かに圧倒的な才能を持っている人はいますが、世の中で活躍しているのはそういう人ばかりではありません。

100万人に1人の「何者」かをいきなり目指すのは無理があります。よく言われることではありますが、100人に1人程度の能力が3つあれば、100の3乗で100万人に1人の人材になれるわけです。さらに言うなら、世界を相手にした100万人に1人でなくてもいいのです。いまいる学校のクラス、たまたま配属された会社の事業部の中で、自分なりの得意や好きがいくつか発揮できたら、それだけであなたは十分に「何者」かになったと言えるでしょう。それがローカルトップです。

Q 没頭するのは何でもいい？　ソシャゲの課金にハマってもOK？

A 没頭している対象が「本物」につながっているかどうかは気にすべきでしょう。

↓没頭できることは重要

まず大前提として、没頭という状態は能力の発現において非常に重要です。特定の事柄に対して、何時間も、何ヶ月も、さらには何年も没頭して、そのことばかりを考え続ける――。

プロの作家になった人でも、子どもの時にいきなりすごい文章を書くということはおそらくないでしょう。いろんな本を乱読して、いつも頭の中でストーリーを思い描いて、思いついたことを日記やメモに書いて……ということを、それまでにやっていたのではないかと思います。一見、突然すごい才能を発揮したように見える人であっても、実はそれ以前に脳の内的モデルに導かれたそのようなイメージトレーニングの蓄積があって、それがスタート時点でのパフォーマンスの高さになっているのだと思います。

私個人の経験としては、小学校1年生の頃に『吾輩は猫である』を母親が読み聞かせてくれたことが強く心に残っています。『吾輩は猫である』自体を最後まで読んだ記憶はないのですが、主人公が動物だということが妙に気に入って、自分なりにいつも物語を考えるようになりました。父親と釣りに行った時に、ダボハゼが捨てられてしまうのを見て、『吾輩はダボハゼである』という長編小説（といっても原稿用紙20枚くらいですが）を書いてみたり、小学校4年生の時にはシャーロック・ホームズにハマって、クラスの友達グループが登場する探偵ものを書いたりもしました。結局、私の場合は作家になりませんでしたが、いまでも文章を書くことにさほど抵抗感はありません。同業者で私よりはるかに優れた研究業績をあげながら、それを文章化するのが苦手な人も少なからずいるのを見ると、これを才能と言うとおこがましいですが、文章化する能力はきっと幼少の時から私なりに表れていたのでしょう。とはいえ若くして芥川賞を取るような人と比べれば、読書量も実際に書いた量も桁外れに違います。文章能力でグローバルトップにはほど遠いながらも、こうやって本を出させてもらえている時点で、何らかのローカルトップ、いやいやローカルハイ程度の能力は発揮させてもらえているのでしょう（感謝）。その意味で、人はどこかの分野で、それなりの才能を、人生に一回は発揮する可能性があると私は確信しています。この「人生に一回」というところがミソです。一生その世界のトップに立ち続けなくともよいのです。人生のどこかの時期にどこかの分野で、自分の素質を生かして何か人の役に立つことができれば、それこそが生まれてきた意義なのではないでしょうか。そんな風に思います。さらに言えば、トップに一度も立たなくとも、この世に生まれ、ただ生き続けているだけで価値がある。そこがすべての出発点、ボトムラインですから。

人は意識的、無意識的にかかわらず、長時間、長期間にわたって没頭的な経験をすることがあります。その道で一目置かれる人は、たいがいそのことについて、そのような経験をしていることでしょう。また将来の仕事に直接つながらなかったとしても、そうした経験は人生を豊かにするとは言えると思います。

↓没頭の対象の基準とは

では、没頭の対象は何でもよいのか。

もし子どもが非行や犯罪のような反社会的な行為に没頭しているのであれば、それに気づいた周りの人——親や教師や友人——が注意しなければなりませんし、それでもダメなら教育カウンセラーなど専門家と協力しながら、その行為をやめさせる、別の反社会的ではない行為で代替させるといった方策を探るべきです。しかし、多くの親にとって悩ましいのは、ずっとＹｏｕＴｕｂｅばかり見ているとか、スマホでソーシャルゲームにハマっているといった、あからさまに悪いことではないけれど、そんなことをしていて大丈夫なのかと思うようなことではないかと思います。

脳の発達過程や予測脳の話をもとに推測するに、没頭の対象については2つの基準を考えることができそうです。

一つは、対象が**学習性のある素材**であるか、それともただ消費するだけのものに没入してしまっているか。もう一つは、**本物につながっている**か、それともインチキなものか。

まず、1つ目ですが、能力の発現につながるような何かに没頭しているというのは、問題解決に取り組んでいる状態と見なせます。すでにできることを機械的に繰り返すのとは違い、興味をそそる事柄に取り組んでいる時は、次々と新しい問題が立ち現れてきます。ネコの絵を描こうとしているのであれば、形がどうにもいびつだったり、色が思ったのと違ったりもするでしょう。そういう問題をどう解決していくか。筆を替えてみる、線の描き方をちょっと変えてみる、ネコをもっと細かく観察する、うまく描いている人の絵を真似してみる、絵の描き方を解説した本を読んでみる、絵のうまい人にアドバイスを求める等々、いろんな方法を試してみることになるでしょう。

そうやって一つ一つ問題解決する中で、新しい知識を獲得することになります。そのような学習性があるかどうかは、大きなポイントだと思います。

一方、学習性のない没頭としては、物質依存が挙げられます。アルコールやタバコ、薬物ですね。ワインを飲み比べ、ワインの産地や製法について知識を得てうんちくを傾けるというのならよいですが、アルコール依存症になって飲まずにいられなくなってしまった人は、酒量は求めても、よりよい酒についての知識を求めているわけではないでしょう。アルコールが入っていれば何でもいいという状態では、新しい知識に対する学習も起こりません。ギャンブル依存症についても同じことが当てはまりそうです。確率を計算してゲームを攻略しようとしているのならともかく、借金を繰り返し、会社のお金や子どもの教育費にまで手をつけてギャンブルにのめり込んでいる時は、脳の単純な報酬系は働いているのでしょうけれど、予測脳に基づいた学習が働いているとは言えないでしょう。

2つ目に挙げた、本物につながっているかどうかについて。これは「習いごと」についての回答にも通じますが、その領域を作り上げている文化的な知識の蓄積と現実社会の中で社会経済的な基盤がどれくらいあるかということ。産業のさまざまな分野や学問・芸術・スポーツなどの伝統的な文化領域などはそれに相当します。将棋や囲碁はただのゲームにすぎないかもしれませんが、その世界は奥が深く、アマからプロまで大勢の人が参加して楽しみ、もはや現実社会と無関係とは言えません。eスポーツやメタバース、ユーチューバーなどのように、仮想現実の世界ににわかに作られた新しい領域も、元はといえばリアル空間にあったものがヴァーチャル空間の中に再現されたもので、いまやプロが生まれ、多くのつわものたちが腕を競い、それを娯楽として楽しむ文化が形成されています。この世界の将来はまだわかりませんが、そこから優れた才能が開花し、誰からも尊敬を得られるような文化領域になれば「本物」です。本物には、お金や地位に代えられない確かな価値と、それが与えてくれる深い感動があるものです。限られた領域で完結して参加者がルーチンを回すだけになってしまうようなものとは違います。もしあなたの遺伝的素質がそこにあるなら、あなたの脳はその感動を知っているはずです。あなたがその世界の本物として、その文化をさらに高めることに貢献するかもしれません。

そういうわけで、没頭しているのがゲームだからダメだということにはならないと思います。

問題なのは、脳の報酬系を巧妙に刺激するゲームやサービスがあるということでしょう。仮にゲームとしては学習性があったとしても、環境ガチャ・遺伝ガチャによって学習性のない、ただのギャンブルのような依存のルーチンに捉えられてしまうことはありえます。その度合いはゲームやサービスによって異なりますし、そもそもリアルの活動でもそうした危険性はいくらでも存在します。セミナーや学校、金融取引などにも怪しいものはありますし、きちんとしたものであってもユーザーによって受ける影響は異なります。

行動遺伝学的に導き出される結論ではありませんが、子どもがソーシャルゲームなどに夢中になっていて心配というのであれば、親もそれを傍観するのではなく、自らいっしょにその世界でプレイしてみてはどうでしょう。

子どもがやっていることを親が頭から否定するのではなく、まずは親も関心を持ってみる。すると子どもが没頭しすぎる理由が理解できたり、それをきっかけに親子の間に新しいコミュニケーションが生まれたりします。ただ単に「そんなことをしていないで勉強しなさい」とか「学校に行きなさい」といった上からの一方的関わりではなく、普段からの親の関心に根ざした血の通った親子関係につながるのではないでしょうか。

第4章

「優生社会」を乗り越える

Q 知能が高いほど、収入の高い仕事に就けるのでしょうか？

A 知能は学歴と収入、そして心理的健康の間にも、遺伝子レベルで統計的に有意な関連があります。

↓ 遺伝でどこまでわかるのか

頭がいいと言われる人は高い収入の仕事に就いているような印象がありますが、本当のところはどうなのでしょうか。いわゆる「いい学校」に進んで、「いい会社」に入ることができれば、収入は高くなりそうな気もしますが、それは結局もともと子どもの時から家が裕福かどうかにかかっているという見方もありますね。

出身の社会階層（SES）と成長してからの社会階層、そして遺伝との関係を調べた大規模な調査としては、ベルスキーらが2018年に発表した研究があります。この研究はアメリカ、イギリス、ニュージーランドにおける2万人以上の個人を対象として、出生から晩年までの社会階層移動について調べています。

研究で用いられた遺伝の指標は、GWAS（ゲノムワイド関連解析）の結果から算出された教育達成度のポリジェニックスコアです。このポリジェニックスコアは、学歴が高い人に多いSNP（1つの塩基だけが異なっている変異）を持っているほど高くなります。SESは、学歴、職業、収入、経済的困窮度で測定。また、社会的到達度は、青年期については学歴、中年期は職業、高齢期は資産の観点から分析されています。

さて、結果はどうだったでしょうか。

ポリジェニックスコアが高かった子どもは、学歴が高く、職業キャリアとして成功し、多くの資産を蓄積する傾向があったのです。またポリジェニックスコアが高い子どもは、もともとSESが高い、つまり社会経済的に恵まれた家庭で育つ傾向もありました。

こう聞くと「やっぱり家の裕福さも遺伝か！」と思われるかもしれませんが、ポリジェニックスコアが高い子どもは出身のSESと関係なく、社会階層を上がっていく傾向がありました。さらに、ポリジェニックスコアが高い子どもは、同じ家で育ったきょうだいと比較してもやはり高い社会階層に移動していく傾向が強いことがわかっています。

この事実もさることながら、こんなことが遺伝子を調べるとわかってしまう時代に入ったのです。これはなかなかショッキングな結果ではないでしょうか。

さらに学歴のポリジェニックスコアが犯罪のような反社会的行動と関連のあることを示した研究や、うつ傾向のような心理的健康度が幸福感のポリジェニックスコアと関連があることを示した研究なども出てきました。

関連があるといってもそれぞれの説明率はほんの数パーセント程度ですから、散布図を描いても少し相関があるかなと思える程度ではあります。また、当然のことながら、あくまでも統計的な傾向ですから、個人単位で見てみれば当てはまらない人もたくさん出てきます。

それでも集団レベルでは統計的に有意なレベルで学歴、収入、反社会的行動、幸福感、心理的健康を遺伝情報で説明し、予測することすら可能になってきました。そしてあまり知られていませんが、このような能力や行動、心理的特性に関する遺伝情報による説明率は、すでに商品化されている遺伝子検査サービスで対象となっている疾患や肥満などの説明率と同等か、むしろそれ以上なのです。**人生を生きる上で遺伝による有利、不利が存在していることを、私たちはきちんと認識する必要がある**と言えるでしょう。

Q 女性の賃金が男性よりも低いのは、女性の能力が低いからなんですか？

A 日本の社会が、女性の遺伝的素質を活用できていないと考えられます。

↓ 遺伝的素質が生かせない社会とは

経済協力開発機構（ＯＥＣＤ）の２０２０年時点の調査によると、日本の男性の賃金の中央値を１００とした場合、女性の賃金の中央値は77・５。これに対してＯＥＣＤ平均の女性の賃金の中央値は88・４なので、日本は男女の賃金格差が非常に大きいことがわかります。

では、この賃金格差は何によって生じているのでしょうか。

知能などの能力調査でも、男性と女性の間にほとんど違いは見られません。**男女の賃金格差は遺伝的な能力差ではなく、社会的な環境によって作られている**と考えられます。

これについて興味深い研究がありますから、紹介しておきましょう。

収入に関して、日本では山形伸二氏が中室牧子氏や乾友彦氏と共に１０００組を超す双生児による大規模な調査を行っています。この研究結果によれば、収入に対する遺伝率は約30パーセントとなっています。

面白いことに、20歳くらいまでは収入に対する遺伝率は20パーセントで、共有環境の影響率が70パーセント。年齢が上がるにつれて、共有環境の影響率は下がり、遺伝率が上がっていきます。働き盛りの45歳頃、遺伝率はピークの50パーセントになり、共有環境の影響率はほとんどゼロになります。つまり、**若い時は親をはじめとした家族、親族の影響を受けるけれど、やがて自分の遺伝的素質が問われる**ことになるということでしょう。

衝撃的なのは、ここからです。

実はこの研究結果は、男性に限った傾向なのです。女性に関して仕事の有無を問わずに測定した結果では、収入に対する遺伝率は生涯にわたってゼロでした。女性全体として見ると、遺伝的素質が収入にはまったく反映されていないということになります（本当であれば、日本の女性に関して仕事を持っている人、持っていない人に分けてきちんと遺伝率を分析していく必要があるのですが、現時点ではそうした研究はまだ行われていません）。

一般的に、**社会的な自由度が高いほど能力における遺伝率は高くなり、自由度が低いほど遺伝率も低く算出される傾向があります。**

一部のお金持ちしか教育を受けられないのであれば学歴の遺伝率は低くなりますし、誰でも教育を受けられるのであれば遺伝率は高くなります。

飲酒や喫煙などの習慣にも同じことが当てはまります。宗教的な戒律や因習が根強く残っている地域では個人の行動は厳しく制限されますが、自由な都会ではその個人が持っている飲酒や喫煙の遺伝的傾向がストレートに出やすくなるわけですね。

そういう意味で、収入に関して日本では男性の自由度は高いけれど、女性の自由度は制限されていると言えます。

遺伝と環境を巡る議論でよくある誤解の一つは、環境の影響が強く、遺伝の影響が弱いほど自由だというものです。しかし、それは裏を返せば、その人が持つ遺伝的な素質をまったく生かせないということでもあります。

遺伝的な素質が生かせない社会において個人差に影響を与えるのは、生まれた家の社会経済状況であり、あとは偶然だということになります。遺伝率がゼロの社会は、決して理想的な状況とは言えないのではないでしょうか。いやむしろこうも言えます。**環境を平等にするとか、自由にするとか、民主主義社会の理想を実現させようとすると、どうしても遺伝的個人差をきちんと認めて生かせる社会にしていかなければならない**のです。

Q いい家柄の子どもは、やっぱり有利だと思う。

A 家柄や文化資産が個人の能力発現にどの程度影響しているのか、正確なところはわかりません。

↓どこまでデータを収集できるか

大金持ちの一族だとか政治家を輩出してきた家系だとか、いわゆる「いい家柄」というものはありますね。そういう家の子どもが長じて、アーティストや実業家、政治家になったりして名を馳せるということもまたよくあることです。

それでは、家柄は個人の能力発現に何か関係しているのでしょうか？　それともこうした家に生まれた人は、家が蓄積してきた資産や社会的なネットワークを上手に活用しているということなのでしょうか？

タークハイマーらの研究結果から言えるのは、**SES（社会経済状況）が高くなるとさ**

まざまな能力についての遺伝率が上がる傾向があるということ。つまり、お金の制約など環境側の圧力が低くなることにより、その人が持っていた遺伝的素質が出やすくなると言えます。優れた遺伝的素質を持っているのであればそれが阻害されずに発現できるわけですが、素質がないことに関してはそれなりということです。

知能と収入の関係について述べた先の回答では、ベルスキーらの研究を紹介しました。この研究では、教育達成度のポリジェニックスコアが高かった子どもは、出身のSESと関係なく、社会階層が上がっていく傾向が強いということでした。また、数学の達成度についてのハーデンの研究についても、ポリジェニックスコアの高い生徒はどんな学校でも優秀であることが示されています。

遺伝的素質の高い子どもにとって、SESの高低はそれほど問題にはならないと言えそうです。もちろんSESが高い方が素質を発揮する文化資本にアクセスしやすく有利ですが、それに恵まれていないSESの低い境遇にいても、遺伝的素質があれば、それが自ずと発現し、自らがその才能に気づき、周りの人もそれを支えようとして、引き上げてくれる可能性があるでしょう。

ただハーデンの研究では、ポリジェニックスコアが平均もしくは低い生徒に関して言えば、SESが高い子どもの多い学校だと脱落しにくい傾向があることが指摘されています。なぜなら学校自体が、遺伝的素質とは無関係に、その学校にいる子たちを、よりレベルの高い上の学校に進学させようと駆り立てるからです。そこから考えると、SESの高さの効用とは、ある分野について遺伝的素質が並みもしくは低い子どもが下に落ちるのを防ぐことにあるのかもしれません。別の見方をすればSESが低い環境にいると、そこにいるというだけで、お前たち／オレたちの人生はしょせんその程度と、周りも自分もレッテルを貼ってしまい、自らチャンスをつぶしてしまいかねないかもしれないのです。

ここまでの説明に納得できない人もいるとは思います。

「大金持ちだと普通の人にはない経験ができるから、それで能力が発現するんじゃないか？」、「文化資産の影響は大きいんじゃないの？」

個人的な経験として、私も「すごい家柄」の人たちと話すことがありますから、そう言いたくなる気持ちはよくわかります。

大豪邸に住んでいる地方の名士の子息で、実家には博物館に収蔵されていてもおかしくない書や刀剣類が当たり前のように飾られている。

親が世界的な評価を受けている研究者で、家には膨大な量の文献がある。子どもの頃から、親の生き方を間近に見ながら研究の話を聞いていた。

日本を代表する指揮者が親族におり、子どもの頃に世界的に有名なヴァイオリニストに頭をなでてもらったというプロのヴァイオリニスト……。

名家に生まれて、すべての時間と労力を特定の分野に費やすことができる人はいるでしょう。一族が長年蓄積してきた文化資産の上に、個人の遺伝的な素質が乗っかり、卓越した才能として開花する、個別の事例としてそのようなことは十分にありえると私も思っています。

正直に言ってしまえば、行動遺伝学の研究で用いているSESなどの指標は、被験者が生まれ育ってきた環境を十分に反映しているとは言えません。SESを算出する際に尋ねている項目は、世帯収入、稼ぎ手の学歴や職業、管理職かブルーワーカーかといった程度にすぎず、SESイコール家柄ということにはならないわけです。

家の中に重要文化財があるとか、すごい影響力を持ったフィクサーが親類にいるとか、無名だけれど凄腕の職人が近所にいるとか、そんな個別の事情はまったくわかりません。そもそも、文化資産とは何なのか定量的な定義もできていないわけですから。

能力を測る指標についても、収入や業績などが能力をどの程度反映したものなのかは、議論の余地があります。ある分野で突出した業績を出して多額の収入や世間的な評価を得たとして、それはどこまで個人の能力によるものなのか。もしかすると、特定の文化資産を持っているがゆえに他の人にはアクセスできない知識や人脈を利用でき、それによって業績をあげたのかもしれません。さらには、そうやって出した業績を利用することで、一定の社会的地位をその後もずっと維持できているということだってありえるでしょう。

いま挙げた「すごい家柄」の例は、全母集団の中ではレアケース、極めて稀な事例だと思います。サンプル数が少ないとこうしたレアケースの効果はほとんど検出できません。これは遺伝子探しも同様です。ですから数十万人のサンプルで見つからなかった学歴のSNPも100万、300万と増やすごとに見つかるようになっていったのですね。こうした希少性のある遺伝子変異、いわゆるレアバリアント研究が、遺伝子研究ではなされつつあります。

双生児法にせよ、ポリジェニックスコアを用いたGWAS研究にせよ、捉えられているのはサンプルを比較的潤沢に取ることのできる社会階層の「上の下」から「下の上」の範囲なのではないかと思います。

これは統計的な手法を用いた、社会科学研究全般に共通する課題です。

例えば、精神疾患や発達障害などの発現はどうしても社会階層の下に行くほど多くなる傾向があります。そこでこうした研究を行う際には、下の階層についてオーバーサンプリング（当該カテゴリーのデータを多めに抽出すること）を行うといった対策を行っています。しかし、こうした対策を行っても調査対象の両端に関しては、脱落が多くなったり、正確なデータが取りにくかったりして、信頼性区間が広くなってしまう、つまり確かなことが言いにくくなってしまうのです。

社会階層の「上の上」についても、十分な研究ができているとは言えません。

世界不平等研究所の調査によると、世界上位1パーセントの超富裕層の資産は2021年に世界全体の個人資産の37・8パーセントを占め、下位50パーセントの資産は全体の2パーセントにすぎなかったそうです。日本でも、上位10パーセントの資産が57・8パーセント、最上位1パーセントが24・5パーセントを占めるという結果になっています。

社会階層の上位1パーセントにおいて、遺伝、共有環境、非共有環境の影響はどうなっているのかは、興味深い研究テーマです。

タークハイマーらの研究ではSESが高くなると遺伝率が上がる傾向が出ていましたが、上位1パーセントを調べると違った結果が出てくることもありえるでしょう。

あくまで仮説ですが、ＳＥＳと遺伝率の関係は線形的に変化していくのではないのでしょう。例えば、ＳＥＳが上位数パーセントを超えると、遺伝ではなく、共有環境の影響がぐんと大きくなるということもありえるでしょう。仮にそうだとすれば、「いい家柄の子どもは有利」という直観が正しいということになりますね。

この仮説を検証するにはどうすればよいか。やはりそれには、超富裕層と超底辺層と呼ばれる人たちの協力が必要になります。遺伝子検査用キットでサンプルを採ってもらい、ＧＷＡＳのデータで分析することになるでしょう。イーロン・マスクあたりは、面白がって協力してくれそうな気もしますが。

Q 知能の高い人でないと、まともに稼げる仕事には就けなくなるのでは？

A 意外にみんな社会に居場所を持っているものです。

↓高度知識社会は幻想である

知能と収入が相関する、さらには幸福感や心理的健康も相関していると聞いて、暗澹たる気持ちになった人もいることでしょう。子育てをしている人なら、子どもの将来がどうなるか不安になったかもしれません。

現代は、高度知識社会だとよく言われます。テクノロジーを生み出したり活用したりするためには高い知能が必要で、そうしたスキルを持った人は高い評価を得て、高い収入を得られる。その一方で、テクノロジーや情報を使いこなせない人たちは、AIなどの機械に仕事を奪われていく。その知能も遺伝によるところが大きいというのであれば、結局人生は遺伝ガチャにすぎないのではないか……。

しばしば耳にするもっともらしい話ではありますが、私は「高度知識社会」は幻想であり虚構であると考えています。

何もこれは、高度なテクノロジーを生み出すのに高度な知能は必要ないと言っているのではありません。また、知能と収入が相関するという行動遺伝学の研究結果が嘘や間違いだということでもありません。みなが「現代は高度知識社会だ」という幻想を信じているから知能と収入が相関するという現象が起こっているのではないか、ということです。

どういうことでしょうか?

SB新書の前作『日本人の9割が知らない遺伝の真実』で、私は「かけっこ王国の物語」という寓話を書きました。

かけっこ王国では、18歳になると国中の男女がかけっこで順位を競います。かけっこが速かった人ほど優秀だとされ、将来の進路も自由に選べるというものでした。官僚や研究者、経営者など社会的に評価が高い職業に就くためにはかけっこで優秀な成績を収める必要がある、そんなおかしな国の話です。

短距離走の能力と官僚や研究者に求められる能力は関係ないだろう、というのが笑いどころなわけですが、この寓話で言わんとしていることは明らかだと思います。

日本では、学業成績（≒知能）によって進学先、さらには就職先が決まってくるという傾向があります。成績がよかった生徒は、いわゆる「いい学校」、偏差値の高い学校・大学へと進み、就職ランキングで人気の高い会社に就職したりステータスの高い職業に就いたりします。子どもの頃から誰もが羨むずば抜けた才能がない凡人にとって、それが一番堅実なやり方で、人生の勝ち組になる手段だと、いまでも信じている人は少なくないでしょう。なぜなら生まれつきの才能がものをいう音楽やスポーツと違い、学校の勉強なら努力次第で何とかなるという錯覚があるからです。実際ちゃんと勉強してテストを受ければいい成績を取れるし、怠けた時は成績が下がる経験を、誰もがしてきています。だから努力次第でどこまでも知能を高めることができて、それはテストや学歴で証明することができる。この努力の延長に、高度知識社会が待っているのだと。勉強を怠っていい学歴を持てずに、高度知識社会から脱落するのは自業自得だと。

　これの何が問題なのでしょうか？　かけっこ王国の場合は、官僚や研究者になるためにも短距離走の能力が求められていました。それに比べると、高度知識社会で複雑な仕事をこなすために、知能の高い人を選抜するのは一見すると理に適っているように見えますね。

　知能が高い人は問題解決能力が高そうだから、そういう人を集めればきっと優秀な成果を出してくれるに違いない……。

しかし、高度知識社会の複雑な仕事とやらをこなすために必要な能力は、本当に知能なのでしょうか？

どうもそうとは言えない事例が最近目立っているように感じます。

官公庁ではいまでもアナログ的な手段が多く使われており、これが業務効率化の妨げになっているというのは、報道でよく指摘されるところです。官僚は国会答弁作成のために極めて長時間の残業を強いられてろくに睡眠も取れないそうですが、それならば睡眠時間が短くて済むショートスリーパーの遺伝子を持っている人から官僚を採用するのがよさそうです。採用側としては高い問題解決能力を持っていそうな人間を選抜しているつもりなのでしょうが、実際の業務に要求される資質とだいぶズレています。いやいや、成績のよい人は学生の頃からショートスリーパーだったはずだから、やっぱり成績で評価するのがよいと考えるでしょうか。

また、この30年間で日本企業の多くは世界の株式時価総額ランキング上位から脱落し、競争力ランキングでも日本は順位を落としています。日本の大企業では、新卒で入社した社員が社内レースを勝ち抜いて経営者になるケースがいまでも多く見られますが、そういう人たちの多くは知能の高い人が多くいると目される難関大学を出ているわけです。

経済協力開発機構（OECD）の学習到達度調査（PISA）によれば、日本の15歳児は数学的リテラシー、科学的リテラシーについて世界のトップレベルを長期間維持しています。国民の学習到達度のレベルも平均的に高く、官僚や経営者は偏差値の高い大学を出ています。歴史を振り返れば、日本は江戸時代から識字率が世界トップだったといいます。口語母国語の習得は原則として誰でもできる生得的な能力ですが、文字の習得は後天的な学習を必要とする難しい課題です。それを当たり前のように成し遂げているような国が、デジタル化や企業競争力、GDPの成長率、政治家の英語力や外交力などで、他国の後塵《こうじん》を拝しているのは不思議だとは思いませんか。

トップ層やマネージャー層がろくでもないから、優秀な能力を持った人を活用できていないのだという見方もあるでしょう。30年間衰退し続けている日本だけでなく、GDPが伸びている国でもたくさんの報酬を得ている経営者層やエリート層に対する批判の声が上がっています。

『Humankind　希望の歴史』（ルトガー・ブレグマン著）では、在宅ケア組織「ビュートゾルフ」の創設者ヨス・デ・ブロークの言葉を紹介しつつ、知識経済の矛盾を指摘しています。ビュートゾルフにマネージャーはおらず目標やボーナスもないそうですが、オランダの最優秀企業に5回選ばれています。

「ものごとを難しくするのは簡単だが、ものごとを簡単にするのは難しい」。マネージャーが複雑さを好むことは、記録がはっきり語る。「その方がマネージャーの仕事は面白くなるからだ」とデ・ブローク。「それに、この複雑なものをどうにかするには、わたしの助けが必要だ、と言えるからね」。

もしかすると、このことがいわゆる「知識経済」の大部分を駆動しているのではないだろうか。血統書付きのマネージャーとコンサルタントが、自分たちの必要性を高めるために、単純なことをできるだけ複雑にしているのではないか。時々、わたしはひそかに、これはウォール街の銀行家や、理解しがたい専門用語に釣られるポストモダンの哲学者の収益モデルではないかと思う。どちらも単純なことを信じられないほど複雑にしている。

著者の言うことが本当なら、社会を豊かにして人々を幸福にすることに関して、高い知能はあまり役に立っていないどころか、害悪になっているとも言えます。18世紀の偉大な啓蒙思想家、ジャン・ジャック・ルソーの箴言《しんげん》「万物をつくる者の手をはなれる時すべてはよいものであるが、人間の手にうつるとすべてが悪くなる」とは、まさにこのことを言っているかのようです。

第1章でも述べたように、スピアマンが統計的に発見した一般知能というのは、単なる抽象的な概念ではなく、生物学的なメカニズムで説明される脳神経学的な実体のようになってきています。前頭前野と頭頂葉がうまく同調して働く、適切なタイミングで適切なコンテンツに注意を向けられる、そして外から入ってきた情報をすでに持っている知識と比較したり統合したりといった操作をする、そんな働きをするのが一般知能です。コンピュータで言えば中央演算処理装置（CPU）に当たります。いっぺんにどれだけ速くたくさんの情報を処理できるか、そういう「頭のよさ」に遺伝的な個人差があるのも事実ですし、知能テストを作って検査を行えば一元的に優劣をつけることは可能です。

しかし、その頭のよさ、一般知能の高さは万能の能力ではありません。CPUの性能が高い人間を揃えておけば、どんな課題でも解決できるというものではないのです。なぜならそこには肝心の「知識」がないからです。買ったばかりのコンピュータは、いくら処理容量が大きくても、そこにワープロやゲームソフトのプログラムや辞書ソフト、さらには文書データや数値データを入れなければ、何の役にも立ちませんよね。ヒトの脳というべきコンピュータも同じです。経験を通じて具体的な知識をソフトやデータベースとして学習しなければ、何の役にも立ちません。

人が出会うリアルな課題を解決するには、脳の中にその課題に特化したソフトやデータベースが実装されていることが必要です。これはその人の具体的な経験を通じて学習され、その内容に応じて脳のさまざまなところに格納されてゆきます。どんな経験をしやすいかにも、その人が持つさまざまな遺伝的素質が反映されることはこれまで見てきた通りですが、一般知能以外のそういった素質の持つ意味に関しては重要度を低く見積もられがちです。確たる証拠がまだないのですが、このような知識の運用は、一般知能を担う中央実行ネットワークではなく、自己と社会的情動に関わるデフォルト・モード・ネットワークの寄与が大きいのではないかと想像しています。このあたりは前頭葉や頭頂葉に比べて、相対的に遺伝率が小さく非共有環境の影響、すなわち個人的な経験によって左右される部分が大きいという研究とも整合性があります。

2020年代には、官公庁での統計不正が相次いで発覚しました。もし「正確な統計を取り、それを誠実に社会に提供する能力テスト」を作り、それでランキングを取ったとしたら、それは知能や学業成績ランキングとはまた違ったものになるでしょう。一般知能も要素としては入ってくるでしょうが、統計学や調査法の専門知識だとか、遵法意識や倫理観、不正をするよう圧力をかけてくる上司に対抗できる正義感などが、知能よりもずっと重要な位置を占めるかもしれません。これはペーパーテストで測れるようなものではなく、現場で本当に不正を見抜いて上司に進言できるかを調べるオーセンティック・アセスメントをしなければ意味がなさそうですが。

自分の持てる能力を活用できる仕事がある社会は素晴らしいですが、現在の能力主義はあまりに能力を雑に分類し尺度化しており、そのために本当の能力を活用し損なっているように思います。かけっこの能力で人間の優劣を決めている、かけっこ王国の人たちを笑うことはできません。

高度知識社会では高い知能が求められる、私はそれを幻想で虚構だと言いました。なぜそれを虚構と言うかといえば、いかなる社会であっても、そこで生身の肉体を持った生物としての人間が生きている限り、肉体を持った人間の労働が必ず必要となるからです。AI搭載ロボットが生身の人間に代わって作業をしてくれ、生身の人間はパソコン画面に向かってキーボードを打ちながらリモートワークすれば、世界中の人が生きていくことができるなどというのは、知能の高い人たちが無邪気に作り上げた共同幻想にすぎません。確かにそのような共同幻想をみんなが抱くことによって社会の有り様が決められてしまうのもまた真実です。お金に価値があるとみんなが信じているから、貨幣経済は成り立っている、そのお金もこれまでは貝殻や本物の「金」や紙幣という実体があるものでしたが、いまや仮想通貨というものがでてきました。これはそこに「信用」という脳の内的感覚をみんなが共有できている限り、当面は機能するでしょう。

しかし現実に口にしなければ生きていけない「食料」、生活のすべてを支える「エネルギー」まで、頭だけの計算で、安いから、自分たちでは作れないからと、海外にアウトソーシングしてきた日本。これらは本来、人間の肉体を使った労働が自然を利用して作り出さねば手に入れることのできないものです。前頭葉と頭頂葉だけでお米や電気は作れません。論理の飛躍があることを省みず、やや無謀なことをあえて言えば、こうした経済構造もまた、高度知識社会などという一般知能に片寄った共同幻想の産物なのではないかと私は考えています。歴史的暴挙としか言いようのないロシアのウクライナ侵攻が、その危うさに少しは気づくきっかけになったのではないでしょうか。

こうした共同幻想が作られる一つの背景には、やはり学校教育のシステムがあるのでしょう。

つい先日のことですが、近くの公園で、夏休みに入ったばかりの小学生たちが、いまどき珍しく虫取り網を持ってセミの鳴く木の下にいました。どんなことを話しているのだろうと思ったら、聞こえてきたのが「だってあいつ、頭いいじゃん」。セミではなく、クラスの出来のいい子の噂話。夏休みくらいは学校から解放され、昆虫採りに夢中になる子どもらしい子どもにもどるというのは、残念ながら幻想でした。

私たちは子どもの時から、学業成績が点数化され序列化されるという仕組みを当然のこととして受け入れてしまっています。学業成績のよい人間は、頭がよくていろんな課題を解決できるから、高い収入や社会的地位を得て当然という価値観を疑うことがなかなかできません。

難関大学への入学をゴールとしたかけっこで、敗北感を抱かずにいられる人は少数派だと思います。たいていの人は義務教育、高等教育において多かれ少なかれ劣等感を抱くことになります。

これは、単に大学に行くか行かないかという個人の問題に留まりません。みんなが高度知識社会という幻想を信じているがゆえに、あらゆる分野において知能を基準とした一元的な序列化が進むことになったのです。

いまでは多少なりとも勉強ができるとなれば、偏差値の高い学校へ進学することが期待されます。いい高校に進んで、いい成績だったら、いい大学へ。地方の学校よりも、偏差値の高い都市部の学校へ。いい大学を出た人間の勤め先は、きっといい会社や組織なんだろう。いい会社や組織に勤めている人の言うことは、正しいんだろう……。

一部の人だけが大学に進んでいた頃は、大学卒でなくても賢いと見なされる人たちが社会のあちこちに分散して、能力を発揮していました。ところが高度大衆教育化社会となったいまではどんな分野でも、大学を出ていないとちょっと肩身の狭い思いをするようになってしまいました。

何とか苦労して偏差値の高い大学、人気の企業や官公庁に進めた人の中にも、持てる能力を発揮させてはもらえず、鬱屈した気持ちを抱えている人はいるでしょう。ここで、私たちの社会を支えているすべての人々が、私たちが生きるために使っている能力がどのようなものなのか、それはどのように獲得され、実際に使われているのかを考え直す必要がありそうです。

↓私たちは「優生社会」を生きている

「優生学」という言葉をご存じでしょうか。

イギリスの人類学者フランシス・ゴールトンは、いとこのチャールズ・ダーウィンが発表した進化論の影響を受けて、人間の能力がどのように遺伝するのかを統計的に解析しようとしました。

ゴールトンは人間の能力はほとんど遺伝によって受け継がれると考え、人為的な選択を行って品種改良すれば、よりよい社会を築けると主張しました。ゴールトンは「優生学」という言葉を作り、その思想は優生思想と呼ばれるようになりました。

いまのわれわれは、ここまで聞いただけでも、かなり危うい主張だということがわかります。しかし当時は世界の主要な国々の政治家や文化人たちが、こぞってこの思想を受け入れ、この思想を政策や法律として実行しました。わが国でも進歩的な啓蒙思想家として名高かった福澤諭吉がこれを紹介、戦前の1940年には断種法とも呼ばれた国民優生法が施行され、その後1948年には優生保護法と名前は変わりましたが、その差別的な思想は、1996年に母体保護法となるまで温存されました。

ゴールトンの優生学を積極的に取り入れたのが、ナチス・ドイツのアドルフ・ヒトラーです。ヒトラーは、アーリア人が遺伝的に優れていると考え、「劣等人種であるユダヤ人」や精神疾患のある人たちの血統を取り除こうとして、ホロコーストなど人類史に残る大虐殺を行うことになります。

ヒトラーと結びついたことで優生学、ひいては遺伝研究自体も、学問的なタブーとして扱われるようになっていきます。

いまでも多少なりとも人間と遺伝学の関係に関心のある人たちの脳には「遺伝＝優生学＝ヒトラー＝差別主義者」のネットワークが強固に残っており、だからこそ多くの教育関係者はブランクスレート説に固執します。ブランクスレートとは空白の石板のこと。子どもの精神は真っ白な石板であり、教育次第でいくらでも才能は伸ばせるという考え方です。

ブランクスレート説は、一見すると美しい物語のように思われます。私が大学時代に傾倒したスズキ・メソードもまさにそうでした。しかし、行動遺伝学の研究結果は、環境と同じくらい遺伝が知能に影響していることを示しました。

「知能には遺伝が大きく影響している」という行動遺伝学の研究結果から「知能の低い人間の血統は取り除くべし」という優生学の主張を導くのは、いわゆる自然主義的誤謬《ごびゅう》、つまり事実命題から価値命題を導き出す論理的過ちを犯しています。**「知能が遺伝する」と言うと世間的な反発が大きいから、「知能は遺伝しないということにする」のも、価値命題から事実命題を導くという、「逆自然主義的誤謬」とも呼ぶべき非科学的な態度**で、アカデミズムとして不誠実であるばかりでなく、子どもに無意味で不必要な圧力をかけることになります。教育機会を与えて本人が頑張りさえすれば勉強はできるようになるのにできないのは本人が悪い、そういう論理がまかり通っています。

優生学は否定されましたが、同時に心理的形質の遺伝がタブーになったことで、**逆に「優生的現実」、すなわち遺伝的に優秀な人が有利に生きられる社会はそのまま残ってしまったのです。**人々は「優れた人」をあがめ、自分もそうなろうとし、そうでない人の価値を貶《おとし》めます。そういう優生思想は生き延びてしまいました。そのことに、私たちはもっと自覚的であるべきでしょう。

遺伝的素質の差異があるにもかかわらず、特に知能や学力という基準で人を序列化する。そうした暗黙的な序列に基づいて、社会的地位や収入が決まっていく。これこそ、「優生社会」ではないでしょうか？

もちろん、学校的知能というのも、そこで学んだ知識は、数学にしろ文学にしろ、歴史や自然科学にしろ、元をたどればどれも本物の知識ですし、学校がなければ自分一人で学ぶ機会がなかったわけですから、それは他では得られない立派な能力です。その能力を十分に自分の生き方に活用できているという実感があるのであれば、何の問題もありません。

英語ができれば外国人とコミュニケーションを取ったり情報を取り入れたりするのにも便利です。数学や科学の知識があれば物事を定量的に捉えるのに役立ちます。歴史や地理の知識があれば、世界のニュースをより深く理解することができるでしょう。

実際、学校時代に遊びまくって勉強してこなかった人が、卒業してから、あの時もっと勉強しておけばよかった、と嘆くのは、社会人あるあるです。そうでしょう、学校で教えられる知識は、もともと現実の世界で起こっていることについてのさまざまな知識を、そのエッセンスだけ圧縮したものなのですから。研究者、エンジニア、ジャーナリスト、官僚などの職業に就いている人なら、高校までの勉強について、「やっておいてよかった！」と思っている人が多いのではないでしょうか。それは圧縮したZIPファイルごとカプセルで飲み込んだものが、わりと簡単に頭の中で解凍され、使われやすいからです。

そうそう、学校の教師になるためにも、こうした知識は重要です。

学校の先生は自分が体験した学校での勉強は役に立つと言いますし、それはこれまで述べてきたような意味で間違いではありません。けれど、世の中の仕事は、もっとずっと多様です。社会で生きていく上で知っておくべき基本的な知識はたくさんありますが、学校教育のカリキュラムがそれらを網羅しているわけでも、網羅できるわけでもありません。何より、学校教育のカリキュラムは教育という仕事を生業としている人たちによって作られているわけですから、教師や教育内容の設計に携わる学者にとって、学校教育が役に立つのは間違いないのです。

↓高度知識社会という幻想からの脱却

幸いにして、テクノロジーの発達はこれまでにはなかった多様な仕事を生み出しました。そうした新しい仕事として子どもから注目を集めているものに、例えばユーチューバーが挙げられます。私自身はこの世界とはまったく無縁なため、詳しいことは知りませんが、どうやら軽妙なトークをこなし映像表現で訴える、従来の学校教育システムで求められていたのとは違う能力をユーチューバーは発揮しているようです。かつてはオタク的趣味と見なされていたビデオゲームも、ゲーム実況者やプロゲーマーといった新しいジャンルの仕事を生み出しています。ユーチューバーやプロゲーマーは男子小学生の将来なりたい職業トップ10にも入っているほどで、実際驚くほど稼げるケースもあるようです。

　稼げるということはビジネスとして成り立ち、一定の市場が形成されているということ。社会にれっきとした需要と供給があるということですね。これまであまり社会的に評価されてこなかった能力で活躍できる人が増えるのであれば、素晴らしいことです。

　トーク力と映像センスで人気者になるユーチューバー、魅せるプレイでトーナメントを勝ち上がっていくプロゲーマー、こうした仕事はSNSで評価を集めやすいですし、あっという間にグローバルな人気者になっていくこともあります。

　こうした新しく注目を集めるようになった仕事の多くは、個人の突出した能力に基づいています。しかし、人間の能力の生かされ方は、突出した個人技ではなく、複数のローカルな人間関係の中で現れてくるものです。いや仮に突出した人だけが輝いていたとしても、その人の周りには、その人を輝かせているたくさんの人たちの協力によるネットワークが成り立っています。そのネットワークの中で、他の人にはできない働きをする時、その能力にはやはりその人の遺伝的素質が発揮されているのです。

　学力や知能に限らず、インターネットでの情報発信能力やゲームのプレイなど、どんな能力についてもテストを作って測定すれば、だいたい正規分布を描くことになります。そして、遺伝と環境の影響もやはり半々ということになるでしょう。ただ新しい環境の出現は、それに対する適応のしやすさの面でも新しい遺伝的素質の発現をもたらす可能性はあります。

第2章でも紹介したように、金持ちの子弟しか学校に行けないのであれば学力は資産の影響を強く受けることになりますが、誰でも学校に通えるのであれば、学力は遺伝的な素質の差が大きく影響するようになるということでした。**どんな能力についても、環境側の圧力が減少すれば、遺伝による差が拡大する**のです。

現在は、インターネットなどを通じてあらゆる分野のノウハウを習得できるようになっています。何かに熱中している人は、ノウハウをどんどん吸収し、自分の能力をいっそう高めていくことができます。「好きこそものの上手なれ」と昔から言いますが、誰でもリソースにアクセスできるからこそ、遺伝的な素質の差はよりいっそう開いていくと考えられます。個人技で輝く分野において、中途半端な「何となく好き」程度では、頭角を現すことは難しいということは理解しておくべきでしょう。先にも述べた「集中力」、フロー状態でそのことに長時間没頭し、しかもその狙いどころがちゃんと社会的にも評価されるようなものでなければなりません。

しかし他を圧倒する突出した能力がなくても、そこそこの能力を複数組み合わせるという戦略はありえます。先に述べたように、100人に1人の能力を3つ掛け合わせれば、100万人に1人の逸材になれるというわけですね。

最近話題になっている「学び直し」、「リスキリング」は、こういう考え方に基づいていると言えます。会計知識があるなら、そこに英語やネットでの情報発信を掛け合わせるといった具合でしょうか。新しい分野について学ぶことが面白いと感じるのであれば、それは素質があるということですから学び続けていけばよいでしょう。

しかし、そうした方法は誰にでも、あるいはいつまでも続けられることでしょうか。「これからは、××だ！」と言われる分野のどれについても、まったくぴんと来ない人だっているでしょう。「好きなことをやればいい」と言われても、山のようにある選択肢からいったいどうやって自分に適性がある分野を見つければよいのか。またそもそも、高度化していく新しい分野について学ぶこと自体、それほど乗り気ではない人だっているでしょう。

好奇心の強さ、パーソナリティの新奇性もまた遺伝の影響を強く受けていますし、さらに言えばパーソナリティは非能力、つまり学習によって変えづらい形質です。

リスキリングを推進したい政府や企業は、「デジタル技術を活用して、価値を創出できる人材になる」、「人生100年時代、新しいことを学び続けよう」などとアピールしますが、自分の興味関心がすでに標準化されてしまった「DXでの価値創造」とやらにマッチするとは限りません。「常に新しいことを学び続ける」というのは言葉としては美しいですし、正しいようにも聞こえますが、全員が適しているとは考えにくく、必ず遺伝的な差が出てきます。ただ新しいので、どんな遺伝的な条件がマッチするかの前例がない。その意味では遺伝的素質は誰にもわからない。これがロールズの言う「無知のヴェール」の生物学的正体なのでしょう。

学校的知能で一元的に評価されることに比べれば評価の軸が増える分だけマシとは言えるかもしれませんが、「新しいことを次々と学んでいく」ことを強制される社会もまた、高度知識社会の変形にすぎないのかもしれません。

↓突出した能力で輝かなくてはいけないのか？

私たちが高度知識社会という幻想から抜け出すのは、容易ではありません。

能力の個人差について研究してきた行動遺伝学者がこんなことを言うのは意外かもしれ

ませんが、そもそも論で言うなら、**人より抜きん出た能力を伸ばして輝くという考え方そのものに無理がある**のではないでしょうか。

情報化のずっと前、原始的な狩猟採集民の社会で考えてみましょう。

当時も、集団の中で何らかの抜きん出た能力を持つ人はいて、その能力によって周りの尊敬を集めたり、モテたりということはあったはずです。強い者、美しい者、賢い者はいつの時代でも人を惹きつけますから。

では、誰もが認める突出した能力の持ち主しか、その社会に居場所がなかったのかといえば、そんなことはないでしょう。むしろ社会を脅かすようなことをしでかさない限り、どんな人でも、障害者であっても、ちゃんと社会の中には居場所があるのが狩猟採集社会のようです。

その上で、手先の器用な人は道具を作る、植物に関心のある人は食べられそうな草を探す、体力のある人は他の人の荷物を余分に持つ、粘り強い性格の人は単純作業を延々とこなす——。

誰もが目の前にある課題を何とかしようと無意識に能力を発揮する。突出していなくても、他の人より比較的得意という程度の能力があれば、社会の中で自ずと一目置かれ、居場所は得られたでしょう。あいつは狩りが得意とか、かごを編むのは彼女が一番うまいとか、夫婦喧嘩の調停役ならあの老人だねとか。これは何も原始的な社会がユートピアだったと言いたいわけではありません。あまりにも性格が乱暴だったり、役立たずすぎたりして社会から排除される者も時にはいたでしょう。それでも、たいていの人は「××の能力」などと意識することもなく、日々社会の中で生きていたはずです。

私がこうしたことを改めて考えるようになったのは、サバティカル（いわゆる研究休暇。研究を休むのではなく、研究のために授業や会議を休む期間）で九州に長期滞在したことがきっかけです。

福岡県の糸島半島から4キロメートルほど離れたところに、姫島という島があります。人口150人程度の漁村で、港に1軒小さな雑貨屋があるだけ。コンビニやスーパーなんてものはもちろんありません。小学校・中学校はあるけれど、高校はフェリーで15分ほどかかる糸島半島の街まで通学する必要がある、そんな村です。いわゆる過疎地域であり、地元の人も「過疎化で困っているんですよ」と言うものの、あまり悲壮感はないのです。いったん村を出た男性たちが妻を連れてきたり、女性が島の外から男性をゲットしてUターンしてくるケースもそこそこあるようで、過疎で苦しい生活を強いられているという印象は受けませんでした。サワラ漁に出た漁師さんは、獲れたてのサワラをざくざく切って炙って、「食ってみろ、うちの魚はうまいだろ！」と嬉しそうに言ってきます。もちろん都会と比べれば不便だらけです。比較しだしたらキリはありません。しかし実に充実した生活を送っているのです。

小さな集落の中で、自分の持っている能力を自然に発揮してリアルに生きる。そうした生き方は、これからのロールモデルになりうると感じました。ハーバード大学が１９３８年から行っている成人の発達研究でも、家族、友人、コミュニティとつながりのある人は幸福で健康、長生きすることが示されています。

高度知識社会の幻想にとらわれていると、世界には高い知能を備えた少数のエリートとその他大勢の凡人しかいないように見えるかもしれませんが、リアルな社会はたくさんのローカルをその中に包含しています。

その意味で、グローバルな競争と溢《あふ》れる情報の海で一度溺《おぼ》れてみるのはよい経験になるかもしれません。地方で居場所がないと感じた人は、グローバルの序列の中で何とかやっていこうと徹底的にあがいてみればいい。あがけばあがいただけ、何かを学びます。そこで仮に望んだ社会的評価を得ることができなかった、自分がいるのはここではないと感じたとしても、そこで作り上げた知識、人脈、経験の思い出を支える脳の神経ネットワークが、次の世界の予測モデルを作り上げます。それが自分が生まれ落ち、ずっと育った土地での経験から作られていた神経ネットワークと結びつくかもしれません。すると改めて自分にとって快適な居場所はどこか、ずっとやっても苦にならないことは何なのかを探し始められるかもしれません。何だか地方創生ビジネスあるある話に聞こえるかもしれませんが、それにもきっとこうした生物学的基盤があると私は想像しています。

グローバルでのランキング争いなど、しょせんは見世物にすぎません。ショーとしては面白いかもしれませんが、私たちが生きるリアルな社会とはそういうものではないのですから。

Q AIが発達してくれれば、人間の仕事なんてなくなるんじゃないですか？

A AIにはまだできない、人間の役割があります。

↓ 隙間はたくさん生まれてくる

先の質問に対する私の回答を、ずいぶん気楽なきれいごとだと思われた方もいるでしょう。

「機械化、自動化が進んだら、コミュニティを成立させている仕事は結局なくなるんじゃないか？」、「そんな居心地のいいコミュニティなんて、どこにあるんだ？」、「取り立てて能力のない自分は、結局ブラック企業で嫌々働くことになりそう」、「地方は人間関係が濃密で、陰キャの自分には無理」……。

まず、AIをはじめとしたテクノロジーによって人間の仕事がなくなってしまうことはない、私はそう楽観的に考えています。何しろ地球上に存在する最も優秀な知能はAI（人工知能）ではなく、ＮＩ（Natural Intelligence、自然知能）、遺伝子の作り出した生命の営みの生む知的活動だからです。人の脳ももちろんその一つです。

革新的なＡＩモデルやロボットを開発するには、高い数学的能力、工学的能力を持った人材が不可欠ですが、彼らだけでは製品を世に出すことはできません。開発プロセスがスムーズに行われるようにサポートする人たち、試作や試用を行う人たち、営業を行う人たち。さらに、サービスや製品を現場に導入するためには、そのための人材も必要です。テクノロジーが苦手な高齢者のための講座も需要がありそうですね。トラブルが起こった時に対応に当たる人も必要ですし、ユーザーの声を吸い上げる人も必要でしょう。

新しい製品やサービスが世に出てくれば、それらの掛け合わせで、さらに別の仕事が生まれるようにもなります。家庭用ロボットが普及してきたら、きっとスマホケースのようにさまざまなロボット用アパレルも登場することになるでしょう。

たくさんの仕事が生まれるということは、たくさんの「隙間」ができるということ。その隙間を埋めれば埋めるほどさらに多くの隙間ができます。お金になる仕事に限らず、同好の士が集まるコミュニティも生まれます。生まれた場所とは違うところに居心地のよい隙間を見つけてそこで仲間になった人たちと過ごすもよし、自分自身で隙間を作ってそこに人を呼び込んでもよいのです。起業というほど大層なものでなくても、居心地のよいコミュニティはそれだけで価値があります。最近話題となっている「メタバース」が、そうした仕事やコミュニティのプラットフォームとして機能する可能性も十分にあるのではないでしょうか。

それでもどうしても話がヴァーチャル空間に片寄りすぎているかもしれません。例えば木や金属の1ミリの何分の1もの薄さを手の感覚だけでコントロールする職人技。彼らの職人技がどんなアルゴリズムに従っているかをAIに機械学習させれば、それはAIロボットに置き換えられます。しかしその最初の職人技そのものはAIではなくNI、つまりその人自身の脳と体が、長年の経験の中で自分の唯一無二の遺伝的素質をもとに、その製品を使う人たち、その人たちが関わるその先にいる人たちのことまで考えながら、これならいい、これならダメと想像力を働かせ、試行錯誤して築き上げたものです。そんなことがAIにできるでしょうか。いやそれすら膨大な計算力とデータベースをもとに、膨大な電力を使ってAIにさせられる日が来るかもしれません。しかしNIの方は、そんな無駄なことをしなくても、いまあるその脳と体さえあれば、そして遺伝的素質と解決すべき社会課題がうまくマッチしさえすれば、もっとずっと効率的に、しかも達成感や有能感を持ちながら、その課題を解決してくれるのです。

↓能力主義へのアンチテーゼ

「そんなことより問題は食っていけるかだ」という意見はもっともです。日本国内を見ると、賃金はいっこうに上がっていませんし、非正規雇用で不安定で理不尽な働き方を強いられている人も多く、医療や介護、物流といった分野におけるエッセンシャルワーカーの待遇もよくありません。いくら仕事自体は自分の遺伝的素質とマッチしているつもりでも、それでは意欲や自尊心をそがれてしまいます。

いますぐ解決することは難しいですが、私はこれらは移行期ゆえの問題だと見ています。まともに食っていけるだけの報酬を得られる人がグローバルな序列の上の方だけということになれば、結局はその上の方の人たちがせっかく作ったモノやサービスを買う人間はいなくなってしまうのですから。

賃金、報酬の格差を減らそうという動きは、すでにあちこちで起こり始めています。労働ストや暴動といった形で労働者の不満が噴出するというのはこれまでにも見られた光景ですが、経営者側から新しい取り組みに乗り出す人も出てきました。

中でも有名なのが、クレジットカード処理会社グラビティ・ペイメンツのダン・プライスCEOです。グラビティは物価の高いシアトルに本社を置いており、社員からは暮らしがきついという不満が出てきました。そこで2015年に、プライスは社内の最低給与基準を7万ドルに設定、同時にそれまで110万ドルだった自身の報酬を90パーセントもカットしました。それから6年後、グラビティの収益は3倍に、従業員数は70パーセント増え、顧客の数は2倍になるなど、極めて良好な結果を出しています。これは、能力が高い人間ほど高い報酬をもらって当然という能力主義に対する、強烈なアンチテーゼです。

単なる理想主義に終わらず実益を出すグラビティのような企業が出てきたことで、能力主義の見直しも進んでいくことになるでしょう。

だからといって、どんな人間でも同じ待遇で、能力がどんなに低くてもかまわないとは思いません。ある仕事に関して適性がまったくない人間がいたら、早めにダメだと宣言した方がその人のためです。そうすれば、その人は別の分野で適性を探すこともできます。

そろそろ本書が語ることのできる範囲を超えた妄想が膨らんできてしまいました。ここから先は、読者お一人お一人が、自分のいまの居場所で、もっとリアリティのある優生社会の乗り越え方を考え、行動に移していってほしいと思います。

ただ最後の妄想を一つ付け加えさせてください。

当然のことながら、どこに行っても弾かれてしまう人も出てくるでしょう。第3章で取り上げた「やりたいことが何もない人」の問題も依然として残っています。

この問題に関しては、将来的に行動遺伝学の知見でサポートできるかもしれません。先の質問で述べたように、現在の能力主義では人の能力を雑に分類しています。ならば、仕事の適性についてもっと詳細なデータがあったらどうでしょうか。

職種や業務内容（サービス業とか営業などというアバウトな分類ではなく、具体的にどんな業務をどのようにやっているかのサンプル情報で）、学歴（どこの大学出身かではありません、何をどこまで学習してきたかの情報の履歴です）、知能やパーソナリティなどの能力の多面的プロフィール、仕事に対する満足度や有能感、不適応感のあり方などの情緒面、職場環境などのデータを集積してデータベース化します。もちろんDNAや脳の形態画像や安静時脳活動のデータも必要です。また一方で、職場の方でも、うちではこんな作業をさせている、こんな能力をいま必要としているという詳細なデータを提供する。これらをつき合わせて、機械学習させて、適切な行動単位を随時作り上げて、ポリジェニックスコアを算出し、最適なマッチングを予想させる。そしてそのマッチングの適合度を検証しながら、さらにより精度の高いマッチングができるようなシステムを、（ここからがミソです）全世界のあらゆる人の、あらゆる仕事について、リアルタイムで動かします。

こんなことは現実的には不可能なことはわかりきっています。しかし理論的にはありです。こうした理念で、できるところまで作れば、ひょっとしたら「あなたには、いまここにある××という仕事が向いています」、「××というコミュニティがあなたには合うかもしれません」という提案を行ってくれる適性マッチングシステムができるかもしれません。

これはあくまでマッチングシステムであり、SFに登場する人類を管理するコンピュータではありません。マッチングシステムお勧めの仕事に就いてみたけれど、やっぱり何か違うということはよく起こるでしょう（どこが違うかのデータもちゃんと取っておきましょう）。それでも、自分が何をしていいかわからないという人にとって、最初の一歩を踏み出すきっかけにはなるのではないでしょうか。

↓人間の能力は、人間にしかわからない

遺伝と能力の問題は、今後ますます世界的に重要なトピックになっていくでしょう。

遺伝的素質によって不遇な立場に置かれている人はどうすればよいのか？

何の適性も見つからない人はどうすればよいのか？

遺伝的に犯罪傾向のある人はどう扱えばよいのか？

今後GWASが進展するに従い、犯罪に関するポリジェニックスコアもより精密になっていくでしょう。ならば、犯罪ポリジェニックスコアの高い人は政府が把握して、早めにケアをした方がよいのでしょうか？

言うまでもなく、**私たちの社会はとても不平等です。その不平等をもたらす大きな原因の一つが、偶然親から配られた遺伝子の組み合わせが生む遺伝的な素質の格差だということが行動遺伝学によって明らかになりました。それからもう一つの原因は偶然の環境です。遺伝も環境もガチャであり、それで9割が説明されてしまいます。**

この本を手に取って読んだ人の中には、そんなガチャだらけの社会をこれからどう生きていけばよいのかと強い不安を感じている人もいることでしょう。知能などの心理的な能力まで遺伝の影響を強く受けていることに驚いたかもしれません。けれど、こうやって本を読んでいる、自分や子どもの未来を何とかよい方向に変えたいと思っている、そのこと自体がすでに特殊な能力の発露です。

自分にはどんな遺伝的素質があるのか、どうやったら素質が発現するのか、素質をどう生かせばいいのか。けれど、自分の能力にのみフォーカスしている限り、本当の意味で能力は活用されないのではないでしょうか。

将来的には、面倒くさい仕事は全部ＡＩに任せて、人間はベーシックインカムでもらいながら、好きなことをして暮らせるようになると考えている人もいます。そんな未来が来たとしても、私たちは今と同じように社会的な評価の格差などで悩み続けるでしょうし、その背後には必ず遺伝の影響があります。**私たちは能力の個人差の問題から絶対に逃げられません。**

実は、ホモ・サピエンス特有の能力とは、社会を構築し、いやでも他者と協力し合っていくことです。どんなに利己的に振る舞おうと、ひとさまに迷惑をかけようと、それが社会の利他的な協力構造の中に埋め込まれざるをえない、それがホモ・サピエンスの生物学的宿命なのだと思います。

興味を持ったことを学んでいく中で、社会における自分の役割を見出す。同時に、他者の持つ素質を見出し、学んだことを伝えていく――。

それこそが、はるか未来でもＡＩにはできない、人間の役割ではないでしょうか。

おわりに

前著『日本人の9割が知らない遺伝の真実』で行動遺伝学を紹介させていただいた時は、橘玲氏のベストセラー本『言ってはいけない』（新潮新書）に対して、行動遺伝学者としての見解を科学的エビデンスとともにきちんと示しておきたい（ついでにその本が売れている間に便乗して出版してしまいたい）と思い、ライターの山路達也氏の手をお借りして緊急出版させていただいたのでした。その内容が本当に日本人の9割が知らないというエビデンスなしにそんなタイトルにしたのは御愛嬌でしたが、今回の「生まれが9割」はそんなハッタリではありません。生まれとは遺伝と家庭環境（共有環境）の合わさったものですが、知的能力や学力などは、その両方を足し合わせると8割から9割になります。そしてそのいずれも本人にとってはガチャ、子ども自身の意志ではどうしようもない偶然です。さらに生まれに帰すことのできないもの、たまたま遭遇する偶然の出来事もまさにガチャ、自分の意志や教育、政策でコントロールできるのは残りの1～2割にすぎません。

今回もまた「親ガチャ」という流行語に便乗して早く出版したいということで、山路さんにお手伝いいただきました。山路さんご自身が、前著の時以来このテーマにすごく興味を持ってくださり、編集者の渡邉勇樹氏と共に、遺伝と能力と教育を巡るさまざまな質問を次から次へとぶつけてきてくださいました。それに応えようと、行動遺伝学の最近の論文や自分自身の研究で示された科学的根拠だけでなく、まだにわか勉強中の脳科学の知見、さらには個人の経験や日頃の思いなどを総動員して、楽しくディスカッションさせていただいたものを、質疑応答の形でまとめていただいたのが本書です。

こうして読み直すと、いささかしゃべりすぎたかな、もうちょっと慎重な言い方にした方が、科学書としてはよかったのかもしれないな、と思うところは正直あります。たぶん自分一人で書き下ろしたら、こんな形にはとてもならなかったでしょう。実のところ、前著で山路さんとお仕事をさせていただいた後、やはり自分の本はライターの手を借りず、自分だけで書かねば誠実な研究者とは言えないのではないかと自責したこともありました。しかし専門外の方で、その専門テーマには強く関心を抱いてくださる方に、真正面から、そして時には斜めの方向からの質問攻めにあい、そこから文章が書き起こされ、それに手を入れるという形で本を作る醍醐味を前著で経験し、「味をしめて」しまっていたのでした。出版の機会を与えてくださった山路・渡邉両氏、ならびにSBクリエイティブ株式会社に感謝申し上げます。

学習・教育と脳科学を巡る論考は、元産業技術総合研究所の仁木和久先生と昭和女子大学の緩利誠先生と毎月行っているenactive brain研究ミーティングでのディスカッションから得た知識をもとに拡大解釈させていただきました。

また2021年度のサバティカル中にお世話になった九州大学の橋彌和秀先生には、九州大学の先生方と「社会と教育の生物学的基盤研究会」を立ち上げていただき、普段なかなか聞いてもらえない遺伝と進化と教育のテーマを真正面から議論する機会を得ることができました。慶應義塾大学で実施している双生児研究プロジェクトの研究仲間、アシスタントの皆さん、そして協力してくださっている双生児のみなさんのおかげで、行動遺伝学研究を続けることができています。

われわれの研究プロジェクトは科研費やJSTなどさまざまな研究資金とその事務処理を引き受けてくださっている慶應義塾大学学術研究支援のみなさまに支えられてきました。そして新聞を隅から隅まで目を通す妻との会話は、象牙の塔の中の研究と社会との関係を考えるヒントになっています。これらの方々に感謝いたします。

本書を読んでご批判や疑念を持たれる方もあろうことは重々承知しています。その責任の所在はすべて私にあります。むしろ著者としてはその批判や疑念から、本書のテーマについての議論が始まることを期待しています。

安藤寿康

主な参考文献

はじめに

マイケル・サンデル（鬼澤 忍訳）（2021）『実力も運のうち　能力主義は正義か？』早川書房

ジョン・ロールズ（川本隆史・福間　聡・神島裕子訳）（2010）『正義論』紀伊國屋書店

第1章　遺伝とは何か——行動遺伝学の知見

Dubois, L. et al. (2012) Genetic and environmental contributions to weight, height, and BMI from birth to 19 years of age: an international study of over 12,000 twin pairs. PLOS ONE, 7(2) e30153

Reed, T., Viken, R.J., & Rinehart, S.A. (2006) High heritability of fingertip arch patterns in twin-pairs. American Journal of Medical Genetics 140A:263–271 https://www.researchgate.net/publication/7361417

Chipuer, H.M., Rovine, M.J., & Plomin, R. (1990) LISREL modeling: Genetic and environmental influences on IQ revisited. Intelligence, 14(1), 11-29.

Haworth, C.M.A., Wright, M.J., Luciano, M., Martin, N.G., de Geus, E.J.C., van Beijsterveldt, C.E.M., Bartels, M., Posthuma,D., Boomsma,D.I., Davis, O.S.P., Kovas, Y., Corley, R.P., DeFries, J.C., Hewitt, J.K., Olson, R.K., Rhea, S-A., Wadsworth, S.J., Iacono, W.G., McGue, M., Thompson, L.A., Hart, S.A., Petrill, S.A., Lubinski, D., & Plomin, R., (2010) The heritability of general cognitive ability increases linearly from childhood to young adulthood. Molecular Psychiatry, 15(11), 1112-1120.

Kovas, Y., Haworth, C.M.A., Dale, P.S., & Plomin, R. (2007) The genetic and environmental origins of learning abilities and disabilities in the early school years.Monographs of the Society for Research in Child Development, 72(3):vii, 1-144.

Shikishima, C., Ando, J., Ono, Y., Toda, T., & Yoshimura, K (2006) Registry of adolescent and young adult twins in the Tokyo area. Twin Research and Human Genetics, 9(6), 811-816.

Sullivan, P.F., Kendler, K.S., & Neale, M. (2003) Schizophrenia as a Complex Trait Evidence From a Meta-analysis of Twin Studies. Arch Gen Psychiatry, 60(12), 1187-1192.

Ronald, A., Happé, F., & Plomin, R. (2008) A twin study investigating the genetic and environmental aetiologies of parent, teacher and child ratings of autistic-like traits and their overlap. European Child & Adolescent Psychiatry, 17(8), 473-483.

Thapar, A., Harrington, R., Ross, K., & McGuffin, P. (2000) Does the definition of ADHD affect heritability? Journal of the American Academy of Child & Adolescent Psychiatry, 39(12), 1528-1536.

Ono, Y., Ando, J., Onoda, N., Yoshimura, K., Momose, T., Hirano, M., & Kanba, S. (2002) Dimensions of temperament as vulnerability factors in depression. Molecular Psychiatry, 7(9), 948-953.

Kendler, K.S., Prescott, C.A., Neale, M. C., & Pedersen, N.L. (1997) Temperance board registration for alcohol abuse in a national sample of Swedish male twins, born 1902 to 1949. Archives of General Psychiatry, 54(2), 178-184.

Maes, H.H., Neale, M.C., Kendler, K.S., Martin, N.G., Heath, A.C., & Eaves, L. J. (2006) Genetic and cultural transmission of smoking initiation: an extended twin kinship model. Behavior Genetics, 36(6), 795-808.

Young, S.E., Soo H.R., Stallings, M.C., Corley, R.P., & Hewitt, J.K. (2006) Genetic and environmental vulnerabilities underlying adolescent substance use and problem use: general or specific? Behavior Genetics, 36(4), 603-615.

Eaves, L.J., Prom, E.C., & Silberg, J.L. (2010) The mediating effect of parental neglect on adolescent and young adult anti-sociality: a longitudinal study of twins and their parents. Behavior Genetics, 40(4), 425-437.

Lyons, M.J., True, W.R., Eisen, S.A., Goldberg, J. et al. (1995) Differential heritability of adult and juvenile antisocial traits. Archives of General Psychiatry, 52(11), 906-915

Xian, H., Scherrer, J.F., Slutske, W.S., Shah, K.R., Volberg, R., & Eisen, S.A. (2007) Genetic and environmental contributions to pathological gambling symptoms in a 10-year follow-up. Twin Research and Human Genetics, 10(1), 174-179.

Cronqvist, H., & Siegel, S. (2010) The Origins of Savings Behavior. AFA 2011 Denver Meetings Paper. http://aida.wss.yale.edu/~shiller/behfin/2010_10/conqvist-siegel.pdf

Camerer, C.F. (2003) Behavioral Game Theory: Experiments in Strategic Interaction. Princeton, N.J.: Princeton University Press.

Cesarini, D., Dawes, C. T., Johannesson, M., Lichtenstein, P., & Wallace. B., (2009). Genetic Variation in Preferences for Giving and Risk-Taking. The Quarterly Journal of Economics., 124(2) 809-842.

Cesarini, D., Johannesson, M., Lichtenstein, P., Sandewall, Ö., & Wallace, B. (2010) Genetic Variation in Financial Decision-Making. The Journal of Finance, 65(5) 1725-1754.

Mustanski, B., Viken, R.J., Kaprio, J.,Winter,T., & Rose, R.j. (2007) Sexual behavior in Young Adulthood: a population-based twin study. Health Pychology Journal, 26(5), 610-617.

佐々木掌子・山形伸二・敷島千鶴・尾崎幸謙・安藤寿康（２００９）性役割パーソナリティ（ＢＳＲＩ）の個人差に及ぼす遺伝的性差・環境的性差 心理学研究、80（４）、３３０-３３８

Kandler, C., Bleidorn, W., and Riemann, R. (2012) Left or right? sources of political orientation: The roles of genetic factors, cultural transmission, assortative mating, and persponality. Journal of Personality and Social Psychology, 102(3), 633-645.

Hatemi, P.K. Funk, C. L., Medland, S.E. Maes, H.M. Silberg, J.L., Martin, N.G. & Eaves, L.J. (2009) Genetic and environmental transmission of political attitudes over a life time. The Journal of Politics, 71(3), 1141-1156.

Fearon, R. M. P., van IJzendoorn, M. H., Fonagy, P., Bakermans-Kranenburg, M. J., Schuengel, C., & Bokhorst, C.L. (2006). In search of shared and nonshared environmental factors in security of attachment: A behavior-genetic study of the association between sensitivity and attachment security. Developmental Psychology, 42(6), 1026-1040.

Picardi, A., Fagnani, C., Nisticò, L., & Stazi, M.A. (2011) A twin study of attachment style in young adults. Journal of Personality, 79 (5), 965-991.

Taylor, J., & Hart, S.A. (2014) A Chaotic Home Environment Accounts for the Association between Respect for Rules Disposition and Reading Comprehension: A Twin Study. Learning and Individual Differences, 35, 70-77.

Plomin, R., & von Stumm, S. (2018) The new genetics of intelligence. Nature Reviews Genetics., 19(3), 148-159.

Okbay, A., Wu, Y., Wang, N., Jaysahankar, H..,..Young, A.I. (2022) Polygenic prediction of educational attainment within and between families from genome-wide association analyses in 3 million individuals. Nature Genetics, 54(4), 437-449.

Harden, K.P., Domingue, B.W., Belsky, D.W., Boardman, J.D., Crosnoe, R., Malanchini, M., Nivard, M., Tucker-Drob, E.M., & Harris, K.M.(2020) Genetic associations with mathematics tracking and persistence in secondary school. npj Science of Learning, 5,(1).

虫明 元（２０１８）『学ぶ脳　ぼんやりにこそ意味がある』岩波書店

仁木和久（２０２２）「人間の学びと成長、Well being を支える3つの「脳の原理」、『チャイルド・サイエンスＶＯＬ．23』日本子ども学会

ヤコブ・ホーヴィ（佐藤亮司ほか訳）（２０２１）『予測する心』勁草書房

乾 敏郎・阪口 豊（２０２０）『脳の大統一理論　自由エネルギー原理とはなにか』岩波書店

Krapohl,E. et al. (2014) The high heritability of educational achievement reflects many genetically influenced traits, not just intelligence. PNAS, 111(42):15273–15278

Hakstian, A.R., & Cattell, R.B. (1978) Higher-stratum ability structures on a basis of twenty primary abilities. Journal of Educational Pychology, 70 (5), 657-669.

Heckman, J., Pinto, R. & Savelyev P., (2013) Understanding the Mechanisms Through Which an Influential Early Childhood Program Boosted Adult Outcomes. American Economic Review 103(6), 2052-2086.

ウォルター・ミシェル（柴田裕之訳）（２０１５）『マシュマロ・テスト――成功する子・しない子』早川書房

Friedman, N.P., Miyake, A., Robinson, J.L., & Hewitt, J.K. (2011) Developmental trajectories in toddlers' self-restraint predict individual differences in executive functions 14 years later: A behavioral genetic analysis. Developmental Psychology, 47(5), 1410-1430

第２章　学歴社会をどう攻略する？

Nakamuro, M., & Inui, T. (2012) Estimating the Returns to Education Using a Sample of Twins - .The case of Japan - .RIETI Discussion Paper Series 12-E-076

フィリップ・ジンバルドー、ニキータ・クーロン（高月園子訳）（２０１７）『男子劣化社会――ネットに繋がりっぱなしで繋がれない』晶文社

Kaili, R., Kovas, Y., Dale, P.S., & Plomin, R. (2016) True grit and genetics: Predicting academic achievement from personality. Journal of Personality and Social Psychology, 111 (5), 780-789.

Burgoyne, A.P., Carroll, S., Clark, D.A., Hambrick, D.Z., Plaisance, K.S., Klump, K.L., & Burt,S.A. (2020) Can a brief intervention alter genetic and environmental influences on psychological traits? An experimental behavioral genetics approach. Learning and Motivation, 72, 101683.

第３章　才能を育てることはできるか？

Ando, J., Murayama, K., Yamagata, S., Shi kishima, C., Takahashi, Y., Ozaki, K., & Nonaka, K.（2008）How do high school students learn? : Genetics of academic performance, learning attitude, and school environment. Behavior Genetics Association 38th Annual Meeting

奥田援史・堀井大輔・叶 俊文（２００２）「体力・運動能力の個人差に対する遺伝と環境の影響：児童双生児研究」日本体育学会第53回大会

第４章　「優生社会」を乗り越える

Belsky, D.W. et al.（2018）Genetic analysis of social-class mobility in five longitudinal studies. PNAS, 115（31）：E7275-E7284

Wertz, J., Caspi, A., Belsky,D.W., Beckley, A.L., Arseneault, L., Barnes, J.C., Corcoran, D.L., Hogan, S., Houts, R.M. Morgan, N., Odgers, C.L., Prinz, J.A., Sugden, K., Williams, B. S., Poulton, R., & Moffitt, T.E.（2018）Genetics and Crime: Integrating New Genomic Discoveries Into Psychological Research About Antisocial Behavior., Psychological Science, 29（5）, 791-803.

Domingue, B.W., Liu, H. , Okbay, A., Belsky, D.W.（2017）Genetic Heterogeneity in Depressive Symptoms Following the Death of a Spouse: Polygenic Score Analysis of the U.S. Health and Retirement Study. American Journal of Psychiatry,174（10）963–970.

Turkheimer,E., Haley, A., Waldron, M., Brian D'Onofrio, B. & Gottesman, I.I.（2003）Socioeconomic status modifies heritability of IQ in young children. Psychological Science, 14（6）, 623-628.

ルトガー・ブレグマン（野中香方子訳）（２０２１）『Humankind　希望の歴史 人類が善き未来をつくるための18章』文藝春秋

ジャン・ジャック・ルソー（今野一雄訳）（１９６２）『エミール』岩波書店

Eyler, L.T., Prom-Wormley, E., Panizzon,M.S., Kaup, A.R....Kremen, W.S.（2011）Genetic And Environmental Contributions to Regional Cortical Surface Area in humans:A Magnetic Resonance Imaging Twin Study, Cerebral Cortex,21（10）, 2313-2321

スティーブン・ピンカー（山下篤子訳）（２００４）『人間の本性を考える ―心は「空白の石版」か』ＮＨＫ出版

著者略歴

安藤寿康（あんどう・じゅこう）

1958年生まれ。慶應義塾大学文学部卒業、同大学大学院社会学研究科博士課程単位取得退学。慶應義塾大学文学部教授。博士（教育学）。専門は教育心理学、行動遺伝学、進化教育学。著書に『心はどのように遺伝するか—双生児が語る新しい遺伝観』（講談社）、『遺伝マインド—遺伝子が織り成す行動と文化』（有斐閣）、『遺伝子の不都合な真実—すべての能力は遺伝である』（筑摩書房）、『遺伝と環境の心理学—人間行動遺伝学入門』（培風館）、『日本人の9割が知らない遺伝の真実』（小社刊）、『「心は遺伝する」とどうして言えるのか ふたご研究のロジックとその先へ』（創元社）、『なぜヒトは学ぶのか—教育を生物学的に考える』（講談社）などがある。

SB新書　593

生《う》まれが9割《わり》の世界《せかい》をどう生《い》きるか

遺伝《いでん》と環境《かんきょう》による不平等《ふびょうどう》な現実《げんじつ》を生《い》き抜《ぬ》く処方箋《しょほうせん》

2022年9月15日　初版第1刷発行

著　　者　安藤寿康《あんどうじゅこう》

発 行 者　小川 淳

発 行 所　SBクリエイティブ株式会社
〒106-0032　東京都港区六本木2-4-5
電話：03-5549-1201（営業部）

装　　幀　杉山健太郎

本文デザイン　荒木香樹

D T P　株式会社三協美術

編集協力　山路達也

印刷・製本　大日本印刷株式会社

本書をお読みになったご意見・ご感想を下記URL、
または左記QRコードよりお寄せください。

https://isbn2.sbcr.jp/15888/

落丁本、乱丁本は小社営業部にてお取り替えいたします。定価はカバーに記載されております。本書の内容に関するご質問等は、小社学芸書籍編集部まで必ず書面にてご連絡いただきますようお願いいたします。

ISBN 978-4-8156-1588-8